21世紀の北海道農業の発展に!

水稲農薬

●長期残効性のカメムシ剤
キラップ® フロアブル 粉剤DL・粒剤

●低コストのイネドロオイムシ剤 ウンカ類にも!
アドマイヤー® 顆粒 水和剤

●水稲のいもち病防除に!
ブラシン® フロアブル ゾル 粉剤DL

●苗立枯病、ムレ苗の防除に!
タチガレエース®M 粉剤・液剤

●水稲のいもち病防除、登熟歩合向上（乳剤・1キロ粒剤）に!
フジワン 乳剤・パック 1キロ粒剤

●水稲いもち病、紋枯病を同時防除!
ブラシンバリダ® ゾル

畑作農薬

●浸透移行性に優れた土壌センチュウ防除剤!
バイデートL® 粒剤

●てんさいの褐斑病・葉腐病を同時防除!
グットクル® 水和剤

●作物の軟腐病防除に!
新登場
クプロシールド

●てんさい、ばれいしょ、豆類、たまねぎなどの害虫に 経済的で使いやすい!!
ゲットアウト®WDG

●小豆、菜豆、たまねぎの主要病害を防除!
オルフィン® フロアブル

●バイオフィルムの力で細菌の侵入をシャットアウト!
マスタピース® 水和剤

●園芸用殺虫剤! たまねぎ、キャベツの防除に!
ディアナ® SC

●畑作総合殺菌剤 ばれいしょ、小麦、たまねぎの病害を防除!
フロンサイド® SC

●小麦の赤かび病防除に! たまねぎの防除にも!
シルバキュア® フロアブル

 ホクサン株式会社

技術普及課／北広島市北の里27番地4　TEL.01
http://www.hokusan-kk.jp/

JN220137

農耕地用除草剤

（農林水産省登録第18815号）

エイトアップ 液剤

雑草の葉に付着すると浸透移行により根まで枯らします。

《使用用途》

水田	耕起前・稲刈後・畦畔の雑草処理
畑	播種や苗の定植前の雑草処理
果樹園	果樹園内の下草処理や周辺

5ℓ エコbox

200ℓ

納入の際にはフォークリフトが必要となります。

10ℓ

散布前

散布後

枯れた後には種まきなどが可能です

ご注文・お問合せ ─────

http://www.8up.jp

㈲チャレンジサービス　埼玉県深谷市荒川909

月～金曜日 9：00～17：00（土・日・祝日を除く）

☎ 048-584-2401　FAX 048-579-0455

輸入元：㈱シー・ジー・エス

安心・安全な作物の成長と収穫をガッチリサポート!

殺菌剤 プロポーズ® 顆粒水和剤

バレイショの疫病、タマネギのべと病に!

●**予防、治療、耐雨性、残効性**と4拍子揃ったべと病、疫病専用剤です!

殺菌剤 ファンタジスタ® 顆粒水和剤

豆類、野菜、果樹などの病害防除に!

●**予防**効果と**治療**効果に優れ、幅広い病害に効果が高い殺菌剤です!

クミアイ ニーズ® 展着剤

殺菌剤、殺虫剤との相性抜群な機能性展着剤!!

●**2つ**の成分が農薬を**植物、病害虫**へ届けるのをアシストします!

監修のことば

道総研中央農業試験場病虫部長
堀田　治邦

　「病害虫研究者が対象病害虫のことをあまり知らない」というのは、大学などの研究で近年よく言われてきたことです。病原菌や害虫の諸性質や遺伝子の解析など、植物病理学や応用昆虫学は発展の一途をたどっていますが、逆に農業生産現場で地道に病害虫の診断や対応ができる人材は少なくなってきています。

　このような状況の中で、約10年前に文部科学省の国家資格である技術士に「植物保護」の分野が設けられました。さらに技術士（植物保護）を持つ者の中から「植物医師」を認定する制度も設けられました。これは病害虫防除、雑草防除、発生予察や農薬全般に対する広い知識と生産現場からの要望に応える対応力を備えた人材を多数育成しようとするものです。生産者の身近に病害虫のスペシャリストを増やそうという動きは、その発生の初期段階を把握し、迅速に対応することがいかに重要かの表れではないでしょうか。

　また、一般の生産者においても、農家人口の減少による経営の大規模化などによって、栽培している作物の状態を詳細に観察する機会が減ってきている感があります。目の届かない所でひそかに病害虫が発生して、気付いたときには手遅れだった経験はないでしょうか。そこで、病害虫を大まかに調べたいときに活用していただきたいのが本書です。

　この「新・北海道の病害虫ハンドブック全書」は1999年に発刊された「北海道の病害虫ハンドブック全書」の後継本として発刊されました。カラー写真を多数掲載して見やすいところや、携帯しやすいポケット判サイズであるところは、旧版の特徴をそのまま引き継いでいます。圃場を観察して「何か病気や虫が出ているな」と思ったとき、まずひもといてみる本としてご愛用くだされば、と思います。

　本書の執筆は、道立総合研究機構農業研究本部の病害虫専門の職員にお願いしました。また、その中から岩﨑暁生、相馬潤、新村昭憲、西脇由恵、小野寺鶴将、青木元彦の諸氏には、編集作業にも精力的に携わっていただきました。また、掲載写真については（一社）北海道植物防疫協会のご厚意で多数提供いただき、加えて33人の方々からも提供いただきました。発刊に当たって、以上の方々に重ねて感謝申し上げます。

目　次

●病害編

表紙デザイン：藪田紀祝
（アイデム・ヤブタ）

執筆者一覧 (敬称略・五十音順)

青木　元彦 *	道総研道南農業試験場研究部生産環境グループ
池谷　美奈子	道総研北見農業試験場研究部生産環境グループ
池田　幸子	道総研北見農業試験場研究部生産環境グループ
岩﨑　暁生 *	道総研中央農業試験場病虫部予察診断グループ
荻野　瑠衣	道総研中央農業試験場病虫部予察診断グループ
小倉　玲奈	道総研中央農業試験場作物開発部生物工学グループ
小野寺　鶴将 *	道総研北見農業試験場研究部生産環境グループ
柿崎　昌志	道総研中央農業試験場病虫部クリーン病害虫グループ
栢森　美如	道総研十勝農業試験場研究部生産環境グループ
小澤　徹	道総研中央農業試験場病虫部クリーン病害虫グループ
小松　勉	道総研農業研究本部企画調整部企画グループ
齊藤　美樹	道総研中央農業試験場病虫部クリーン病害虫グループ
佐々木　純	道総研花・野菜技術センター研究部生産環境グループ
清水　基滋	道総研北見農業試験場場長
白井　佳代	道総研花・野菜技術センター研究部生産環境グループ
新村　昭憲 *	道総研上川農業試験場研究部生産環境グループ
角野　晶大	道総研道南農業試験場研究部生産環境グループ
相馬　潤 *	道総研中央農業試験場病虫部クリーン病害虫グループ
東岱　孝司	道総研十勝農業試験場研究部生産環境グループ
長濱　恵	道総研上川農業試験場研究部地域技術グループ
西脇　由恵 *	道総研中央農業試験場病虫部クリーン病害虫グループ
野津　あゆみ	道総研中央農業試験場病虫部クリーン病害虫グループ
藤根　統	道総研上川農業試験場研究部生産環境グループ
古川　勝弘	道総研上川農業試験場研究部生産環境グループ
堀田　治邦 *	道総研中央農業試験場病虫部長
三澤　知央	道総研道南農業試験場研究部生産環境グループ
美濃　健一	道総研花・野菜技術センター研究部生産環境グループ
三宅　規文	道総研十勝農業試験場研究部生産環境グループ
森　万菜実	道総研中央農業試験場病虫部予察診断グループ
安岡　眞二	道総研十勝農業試験場研究部生産環境グループ
山名　利一	道総研中央農業試験場病虫部予察診断グループ

*　監修および編集委員

写真提供者一覧 (敬称略・五十音順)

青田　盾彦	元北海道病害虫防除所
秋山　安義	元道立中央農業試験場
阿部　秀夫	元道立上川農業試験場
池谷　聡	道総研北見農業試験場
上堀　孝之	網走農業改良普及センター
大竹口　嘉教	元留萌農業改良普及センター
奥山　七郎	元北海道病害虫防除所
乙部　裕一	道総研道南農業試験場
梶野　洋一	元道立十勝農業試験場
兼平　修	元道立中央農業試験場
小坂　善仁	後志農業改良普及センター
小高　登	元道立花・野菜技術センター
児玉　不二雄	元道立北見農業試験場
後藤　忠則	元農水省北海道農業試験場
近藤　則夫	北海道大学
佐藤　謙	元道立道南農業試験場
高田　一直	北海道農政部技術普及課
竹内　徹	道総研本部研究企画部
田中　民夫	元道立中央農業試験場
田中　文夫	元道総研道南農業試験場
谷井　昭夫	元道立道南農業試験場
田村　修	元道立北見農業試験場
鳥倉　英徳	元道立中央農業試験場
中尾　弘志	元道立道南農業試験場
萩田　孝志	元道立北見農業試験場
橋本　直樹	道総研中央農業試験場
橋本　庸三	元道立中央農業試験場
八谷　和彦	元道立十勝農業試験場
花田　勉	元道立道南農業試験場
宮島　邦之	元道立上川農業試験場
水越　亨	元道立道南農業試験場
山崎　永尋	胆振農業改良普及センター
山田　英一	元北海道病害虫防除所
和田　由紀夫	十勝農業改良普及センター

ホクレン農業総合研究所

病害編

水 稲　いもち病

病　原	かび
発病部位	苗、葉、穂、節
発病時期	育苗期、7月〜収穫期

発病の様子

苗いもち
- 鞘葉（しょうよう）が暗褐色から褐色となり、激しい場合には立ち枯れを起こす
- 二次的に本葉に葉いもち病斑を生じさせる

葉いもち
- 最初に円形〜楕円（だえん）形で暗緑色水浸状の小さな病斑が生じる
- 病斑は次第に拡大し、紡すい形で周縁は赤褐色、外周は黄色、内部は灰白色の病斑となる

穂いもち
- 穂首や枝梗（しこう）が最初は淡褐変し、後に褐色〜黒褐色の病斑となる
- 病斑が生じた穂首や枝梗の先の穂は、白穂や稔実不良を生じる

節いもち
- 節の表面に、黒くくぼんだ小斑点が現れる
- 斑点が次第に拡大して節全体が黒変し、節は折れやすくなる

葉いもち初期病斑（白井原図）

葉いもち病斑①（白井原図）

葉いもち病斑②（竹内原図）

発病株（藤根原図）

病害編／水稲

（次ページにつづく）

多発しやすい条件

- 感染もみの使用
- 育苗ハウス内外でのもみ殻の使用
- 20～25℃の温度。平均気温が20℃で最低気温が16℃に達したときが初発危険期
- 多雨（長時間続く弱い雨）や高湿度
- 日照不足
- 周囲を山に囲まれた川沿いのような湿度の高くなる場所、風通しの悪い場所、山などの陰で日照不足になりがちな場所にある水田
- 多肥による水稲の抵抗力低下と過繁茂

（藤根）

対策

- 採種圃産の種子を使用し、適切な種子消毒をする
- 育苗ハウス内や周囲で、もみ殻や稲わらを使用しない
- 窒素肥料の多用を避け、ケイ酸質資材を用いる
- 抵抗性品種を作付ける
- 補植用の苗は水田に放置せず、早期に片付ける
- 薬剤防除を行う

穂首いもち（白井原図）

節いもち（白井原図）

激発圃場（藤根原図）

いもち病に強い品種（左）と弱い品種（藤根原図）

水稲　苗立枯病

病　原	かび
発病部位	苗（もみ、根、茎）
発病時期	育苗期

発病の様子

フザリウム菌
- しおれて黄化し、立ち枯れる
- パッチ状に発生することが多い
- 地際やもみに白色～淡紅色のかびが見られる

リゾープス菌
- 苗箱の一部または全面が白いかびで覆われ、やがて灰白色となる

トリコデルマ菌
- 葉が黄化し、生育不良を起こす
- 床土表面や種もみの周りに白～青緑色のかびが密生する

ピシウム菌
- しおれて黄化し、急激に立ち枯れる
- 地際部にかびは見られない
- 育苗後半に発生する

多発しやすい条件

- 極端な高温や低温、土壌水分の過不足
- 床土の pH が高過ぎる、または低過ぎる

（藤根）

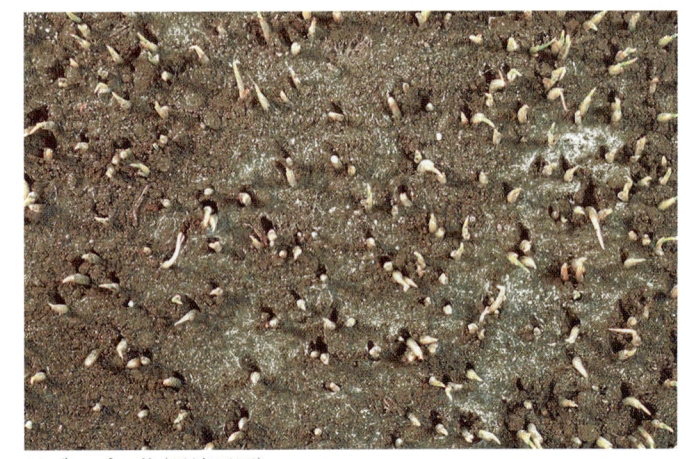

リゾープス菌（長濱原図）

対策

- 適切な温度、土壌水分の管理
- 床土の pH を 4.0 ～ 5.0 に調整する
- 出芽器と育苗施設を清潔に保ち、資材を洗浄する

トリコデルマ菌（長濱原図）

ピシウム菌（長濱原図）

水　稲

苗立枯細菌病

病　原　細菌
発病部位　苗全体
発病時期　育苗期

初期症状（白井原図）

発病の様子

- 初期症状として、葉の基部に白化または黄白化が見られる
- その後、苗全体が赤褐色となって針状に突っ立ち、乾燥枯死する
- 根の生育が著しく抑制される
- 育苗箱に坪状もしくは箱全体に発生し、生育が著しく不良となる

多発しやすい条件

- 過剰な加温とかん水
- マット苗で多発しやすい

（藤根）

末期症状（白井原図）

対策

- 採種圃産の種子を使用する
- 種子消毒
- 適切な温度とかん水の管理

褐条病

病　原	細菌
発病部位	苗
発病時期	育苗期

発病の様子

- 出芽後間もなく葉鞘に褐色のすじ（条斑）が入り、生育不良となる
- 葉鞘の基部あるいは苗全体が湾曲する腰曲がり症状を起こすものがある
- 育苗箱内で散在し、坪状の発生はしない

多発しやすい条件

- 循環式催芽器による催芽
- 出芽〜育苗初期の高温・過湿

（藤根）

対策

- 種子消毒をする
- 食酢（穀物酢、酸度4.2%）50倍液中で、循環式催芽器により循環催芽する
- 高温・多湿にならないハウス管理をする

発病苗（白井原図）

湾曲した苗（藤根原図）

ばか苗病

病　　原	かび
発病部位	苗、株全体
発病時期	育苗期〜本田

発病の様子

- 発病した苗は、全体にやや淡い緑色となり、軟弱に徒長する
- 本田では、株全体が徒長し、葉が黄緑色となる
- 発病が激しいと、葉鞘（ようしょう）に白色〜桃色の粉（胞子）を生じ、枯死する

多発しやすい条件

- 汚染種子の使用（自家採種の種）

（藤根）

対策

- 採種圃産の種子を使う
- 種子消毒をする
- 発病株は早めに抜き取り処分する

発病苗（白井原図）

本田発病株（6月末〜7月初めごろ）（藤根原図）

水稲　縞葉枯病
しま

病　原	ウイルス
発病部位	株全体
発病時期	移植後〜出穂期

発病株（藤根原図）

発病の様子

- 若い稲では、芯葉がこより状に巻いて垂れ下がり、次第に枯死する
- 生育が進んでからの発病では、上位葉や穂だけが病徴を示す
- 発病株の葉には黄色〜黄白色の縞状のかすり模様が見られる

多発しやすい条件

- ウイルスを媒介するヒメトビウンカ（P.274）の多発
（藤根）

対策

- ４月下旬〜５月上旬に畦畔のヒメトビウンカの防除を行う
けい はん
- 移植後〜７月中旬ごろにヒメトビウンカの防除を行う
- 発病株は早期に抜き取る
- 水田周辺でウンカの越冬場所となるイネ科植物を刈り取る

葉の縦縞症状（田村原図）

病害編／水稲

水 稲　紋枯病

発病の様子

- 葉鞘に褐色楕円形（だえん）で内部が灰白色の大型病斑ができる
- 病斑は下位から上位葉鞘に上がっていく
- 病斑上に白い菌糸や 1 〜 3mm の黒い菌核（菌の塊）を形成する

多発しやすい条件

- 夏季が高温で湿度が高い年
- 多肥栽培などによって茎数が多い水田や風の通りが悪い水田
- 水田内で風下や落水口の畦畔（けいはん）に近い所では、感染源となる菌核が集まるため発生が多い

（野津）

対策

- 前年多発した圃場では薬剤による防除を行う

初期病斑（野津原図）

病斑部に形成された菌核と菌糸（野津原図）

紋枯れ症状（野津原図）

水稲

葉鞘褐変病（ようしょう）

病　原	細菌
発病部位	葉鞘、穂
発病時期	穂ばらみ期〜収穫期

発病の様子

- 止葉葉鞘に暗褐色水浸状で周縁が不鮮明な病斑を生じ、後に褐色〜灰褐色となる
- 発病が激しいと、穂は褐色となり、出すくみ穂となる
- もみに褐色水浸状の斑紋が生じ、黒褐色〜灰褐色になり、時に穎（えい）の全面が黒褐色となる
- 玄米の表面に褐色の斑紋が現れ、激しいと茶米になる

多発しやすい条件

- 穂ばらみ期〜出穂期が低温・多雨
- 冷害年に多発しやすい

（藤根）

対策

- 生育遅延を生じさせない肥培管理と水管理を行う
- ケイ酸資材を使用する

葉鞘の褐変（宮島原図）

水　稲　紅変米

病　原	かび
発病部位	玄米
発病時期	収穫期

発病の様子

- 玄米の表面に紅色〜紅赤色、または赤褐色の斑点が生じる
- 病斑の形状はさまざまである

多発しやすい条件

- 出穂前に畦畔（けいはん）に放置された刈り草が感染源となる
- 登熟期間が低温多湿になる天候不順のとき
- 刈り遅れや不十分な乾燥
- 倒伏や登熟遅延により玄米が高水分になる
- 割れもみが多い品種で出やすい

（藤根）

対策

- 倒伏させない
- 出穂期までの畦畔除草と刈り草の除去
- 適期収穫と収穫後の速やかな乾燥
- 割れもみの少ない品種の栽培

紅変米（田中文夫原図）

水 稲　黄化萎縮病

病　原	かび
発病部位	葉、株全体
発病時期	移植後

発病の様子

- 本田移植直後から発生する
- 葉色が淡く黄化する
- 葉に白いかすり状の断続的な斑点が生じる
- 株全体が萎縮する
- 葉身は厚く、広くなる
- 症状が激しい株は枯死する

多発しやすい条件

- 稲が若く水温 15 〜 20℃のとき、深水になったり、洪水などで冠水すると発病する

（藤根）

対策

- 適切なかん水・排水管理により、移植後の稲の浸水や冠水を防ぐ

発病株（田村原図）

水稲

褐色菌核病

病　　原	かび
発病部位	葉鞘（ようしょう）
発病時期	7月下旬〜収穫期

発病の様子

- 下位葉鞘に褐色不整形の斑紋ができる
- 多数できた病斑が融合する
- 葉鞘の病斑内側に、葉鞘組織で区切られた小さな菌核（菌の塊）を形成する

多発しやすい条件

- 夏季が高温で湿度が高い年
- 多肥栽培などによって茎数が多い水田や風の通りが悪い水田

（野津）

対策

- 前年多発した圃場では、薬剤による防除を行う

褐色がかった小型病斑
（野津原図）

病斑の中心に褐色の条線（野津原図）

葉鞘内側に形成した菌核（野津原図）

赤色菌核病

病　原	かび
発病部位	葉鞘(ようしょう)
発病時期	7月下旬〜収穫期

発病の様子

● 葉鞘に初め褐色不整形の斑紋ができ、後に紋枯病（P.24）によく似た楕円形(だえん)病斑を形成する
● 重症株では葉鞘の内側が黒ずみ、稈(かん)が折れやすくなる
● 病斑内側に葉鞘組織で区切られた小さな鮭肉色(けいにく)の菌核（菌の塊）を形成する

多発しやすい条件

● 夏季が高温で湿度が高い年
● 多肥栽培などによって茎数が多い水田や風の通りが悪い水田

（野津）

対策

● 前年多発した圃場では、薬剤による防除を行う

初期病斑（野津原図）

紋枯病によく似た楕円形病斑（野津原図）

刈り株に残った菌核（野津原図）

小麦

雪腐黒色小粒菌核病

病原	かび
発病部位	葉、茎
発病時期	融雪期

発病の様子

- 感染した地上部茎葉は灰白色となり、枯死した葉の上や中に球状の菌核（直径 1mm 程度）が見られる
- 土壌中の菌核量が多いと地下部のクラウンや根に感染し、地上部は茶褐色に枯凋することがある。この場合、茎葉には菌核が見られないが、地下部には菌核が認められる

多発しやすい条件

- 積雪期間が長い年には発生が多い
- 連作で多発しやすい
- 播種が極端に遅く越冬に必要な葉数が確保できない状態で発生すると被害が大きくなる

（小澤）

対策

- 播種適期を守る
- 土壌中の菌密度を増加させないために連作を避ける
- 根雪前に茎葉散布を行う
- 融雪材を施用し、積雪期間を短くすることで被害を軽減できる

枯死葉上に形成された菌核（小澤原図）

発生圃場（小澤原図）

小 麦

雪腐褐色小粒菌核病

病　原　かび
発病部位　葉、茎
発病時期　融雪期

発病の様子

- 積雪下で主に葉に発生する。融雪直後の葉はゆでたように水浸状であるが、乾くと灰白色になる
- 枯死した葉の上には、赤褐色で不整形の菌核（大きさ数mm）が多数形成されている
- 菌核は発病株の地際部の葉鞘や根に形成されることもある
- 本病の被害は葉の枯死がほとんどであり、茎が枯死することはまれである

対策

- 融雪を促進し、積雪期間を短くする
- 連作を避ける
- 越冬体勢を確保するため、適期に播種する
- 根雪前に殺菌剤の茎葉散布を行う

多発しやすい条件

- 積雪期間が長いと発生しやすい
- 空気中を飛散する胞子による感染の他、土壌中の菌核も伝染源となることから、連作すると発生が多くなる
- 播種が遅くなり越冬体勢が弱いと発生しやすい

（相馬）

発病株と菌核（相馬原図）

地際の葉鞘に形成された菌核（相馬原図）

小麦

雪腐大粒菌核病

病　原	かび
発病部位	葉、茎
発病時期	融雪期

発病の様子

- 融雪後、株全体が枯死し、枯死葉は乾燥すると灰褐色になる
- 枯死した葉の上や茎の中に黒色の菌核（3mm × 5mm 程度）が見られる
- 菌核は他の雪腐病と比べて最も大きいこと、形がやや扁平でネズミの糞状であることから区別できる

多発しやすい条件

- 根雪前に寒さが厳しく、土壌凍結が生じたり、小麦が凍害を受ける条件
- 積雪下で発病が進むため、積雪期間が長くなると症状が重くなる

（山名）

対策

- 適期播種と適切な施肥
- 根雪前に薬剤を茎葉散布する
- 融雪材の散布により積雪期間を短縮する

枯死葉とその上に形成された菌核（山名原図）

根雪前に形成される子のう盤（キノコ）（山名原図）

小麦

スッポヌケ症

病　原	かび
発病部位	地上部
発病時期	融雪期

発病の様子

- 積雪下、中心葉の付け根に病原菌が感染して腐る
- 融雪後、病原菌に侵された葉は褐変して枯凋(こちょう)し、このような葉を引っ張ると簡単にすっぽ抜ける
- 腐敗部や葉鞘(ようしょう)部に、黒いかさぶた状の菌核が見られることがある

多発しやすい条件

- 根雪前に寒さが厳しく、土壌凍結が進む年や地域
- 播種時期が遅いと発生株率が高まり、枯死に至る株も増加する
- 連作は土壌中の菌密度を高める

（清水）

対策

- 連作を避け、適正な輪作を行う
- 地域の適期播種を順守する

発病株（清水原図）　　　葉鞘部に形成された菌核（清水原図）

小麦　紅色雪腐病

病　原	かび
発病部位	葉、茎
発病時期	融雪期

発病の様子

- 積雪下で主に葉に発生する。融雪後、被害葉が乾燥すると全体が桃色を帯びる
- 株が小さいまま積雪下となって感染すると、株全体が枯死することがある
- 菌核は認められない

多発しやすい条件

- 積雪期間が長い年には発生が多い
- 連作で多発しやすい
- 赤かび病の発生が多く、種子の保菌が多いと多発しやすい
- 播種が極端に遅く越冬に必要な葉数が確保できない状態で発生すると、被害が大きくなる

（小澤）

対策

- 播種適期を守る
- 菌密度を増加させないために連作は避ける
- 種子消毒を行う
- 根雪前に茎葉散布を行う
- 融雪材を施用し、積雪期間を短くすることで被害を軽減できる

発生圃場（小澤原図）

被害株の症状（小澤原図）

小麦 褐色雪腐病

病　原	かび
発病部位	葉、茎
発病時期	融雪期

発病の様子

- 土壌中の病原菌が、積雪下で葉に感染する
- 融雪後の罹病茎葉(りびょう)はゆでたように見えるが、次第に乾いて褐色になる。茎が腐敗することもある
- 本病は菌核を形成せず、葉はもろくならない
- 他の雪腐病などと混発する場合が多く、菌核が付着したり葉が紅色に見える場合もある

多発しやすい条件

- 積雪期間が長い場合
- 圃場の透排水性が悪い場合
- 播種適期の晩期からさらに播種が遅れた場合

(美濃)

対策

- 根雪前に薬剤を散布する
- 適期播種を行う
- 融雪材を施用し、積雪期間を短くする

融雪直後の症状
(美濃原図)

乾いた後の症状(美濃原図)

発生圃場の畝
(美濃原図)

小麦 縞萎縮病

発病の様子

- 畑全面に発生することがある
- 品種によって症状はやや異なり、「きたほなみ」では融雪後の生育が悪くなるのが主な症状である。「ホクシン」で見られた葉先の黄化症状はなく、葉のかすり状の縞もあまり目立たない
- 症状が軽微な場合は、6月以降になると生育の回復により症状が目立たなくなる
- 縞萎縮病に弱い品種では、草丈が低く、分げつが抑制され、穂長も短くなり、大きな減収となる

多発しやすい条件

- 連作すると多発しやすい
- 根雪が遅く、秋が長い年や地域で発生しやすく、早まきでも同様である
- 水はけが悪い畑で多発しやすい

（佐々木）

対策

- 連作や極端な早まきは避ける
- 土壌水分の高い圃場では、排水対策を行う
- 減収するような場合には、本病の抵抗性が強い品種を導入する

発病圃場（佐々木原図）

「きたほなみ」の葉のかすり症状（佐々木原図）

病害編／小麦

小麦 条斑病

病原	かび
発病部位	葉、葉鞘（ようしょう）
発病時期	5月中旬～

発病の様子

- 葉と葉鞘に、黄色のすじ（条斑）を生じる
- 葉の条斑は葉鞘につながっているのが特徴である
- 早期に重症となると、出穂前に枯死する場合がある
- 止葉に条斑のある株では、草丈が低く穂が出すくみ状態となり減収程度が大きい

対策

- 健全種子を用い、種子消毒を行う
- 連作を避ける
- 早期播種で発生が多くなるので、適期播種を行う
- 湛水（たんすい）処理や田畑輪換が有効である

多発しやすい条件

- 種子伝染するので、汚染種子を播種すると発生する。発生圃場から採取した種子は表面と内部が病原菌に汚染されている
- また、土壌伝染し、病原菌は罹病（りびょう）組織（麦稈（ばっかん））で生存するので、連作すると多発する

（相馬）

葉の条斑（阿部原図）

草丈の低い発病株（相馬原図）

赤さび病

病原	かび
発病部位	茎葉
発病時期	（10月上旬〜根雪前）、4月中旬〜7月中旬

発病の様子

- 葉の表面に、大きさ約1〜2mmで橙〜赤褐色のやや膨れた小斑点ができる
- 病斑は成熟すると破裂して赤い粒子（夏胞子）が放出されるため、多発時には葉全面に赤い粉を振り掛けたようになる
- 初めは下葉に数個程度発生し、次第に数が増え上葉にまん延する
- 成熟期ごろには黒褐色の斑点も現れる

多発しやすい条件

- 高温・少雨で多発しやすい
- 暖かい秋季にも発生する

（池田）

対策

- 止葉期と開花始めに薬剤を散布する

初期病斑（左）と成熟病斑（池田原図）

下位葉に多発した株（池田原図）

小麦　うどんこ病

病　原	かび
発病部位	葉、葉鞘、稈、穂
発病時期	(10月中旬～根雪前)、4月中旬～7月中旬

発病の様子

- 初め、下葉に点々と白色の小斑点ができる。小斑点には葉上を這う菌糸が認められ、次第に円形から楕円形に拡大する。菌糸上には鎖状に連なった胞子（分生子）が多数形成され、やや盛り上がった白色粉状病斑となる
- 白色粉状病斑はやがて葉全体に広がり、葉の全面に「うどん粉」を振りかけたような症状になる
- 本病に弱い品種では、稈や穂にも発病が認められる
- 病斑は古くなると灰褐色に変色し、その中に子のう胞子を内蔵する黒い小粒（子のう殻）が形成される

多発しやすい条件

- 春から夏にかけて比較的低温で曇天の多い条件
- 多肥による窒素過多や茎葉の過繁茂
- 本病に対する抵抗性には明らかな品種間差があり、弱い品種では常に発生が認められる

（清水）

対策

- 適正な窒素施肥と茎数管理を行う
- 本病に弱い品種では、薬剤の茎葉散布による防除を行う

拡大した初期病斑（清水原図）

葉の病斑（清水原図）

下葉の発生状況（清水原図）

穂の病斑（清水原図）

小麦　眼紋病

病　原	かび
発病部位	地際部の葉鞘や茎
発病時期	4月〜収穫期

発病の様子

- 病斑は淡褐色〜褐色、周縁が不明瞭な紡すい状で、眼の形をしている
- 中心部に黒いすす状の子座様体を形成する
- 病斑は初め葉鞘に形成されるが、5月中〜下旬に茎に進展し、その後は茎基部全体に拡大する
- 発病が激しく病斑が茎の周囲を取り巻くと、組織がもろくなり、病斑部から折れて倒伏する

多発しやすい条件

- 連作（まん延しやすく、作付け2年目での多発例がある）
- 春季（5月）が低温で降雨の多い年
- 転換畑などの排水不良の畑
- 多肥・密植などによる過繁茂
- イネ科雑草にも寄生

（角野）

対策

- 連作を避け、3年以上の輪作を維持する
- 茎数過剰にならないよう、合理的な栽培法を守る
- 排水対策を行う
- 本畑および畦畔の雑草防除に努める
- 上記の栽培管理を徹底していれば多発することはなく、薬剤散布は必要ない
- やむを得ず連作した場合には多発する可能性が高いので、幼穂形成期〜節間伸長期に薬剤を散布する
- 夏季の10日間以上の湛水や田畑輪換は発病を軽減する

茎にできた眼のような病斑（角野原図）

病斑が地際部の茎全体にまん延（角野原図）

眼紋病による倒伏初期の状況（角野原図）

倒伏が拡大した状況（児玉原図）

小麦 赤かび病

病　原	かび
発病部位	穂（葉）
発病時期	開花期〜

発病の様子

- 乳熟期ごろに小穂が褐変し、やがて白く枯れてくる。発病が穂軸まで進展すると、そこから上位の小穂は枯死する
- 発病小穂では、穎（えい）の合わせ目や小穂全体に桃色から橙（だいだい）色の胞子の塊（スポロドキア）が認められる
- 被害粒は赤かび粒と呼ばれ、白く退色してしわが寄り、時に桃色がかって見える
- 病原菌の中には人畜に有害なかび毒を産生するものがあり、感染した麦粒はかび毒に汚染される。かび毒の一種であるデオキシニバレノール（DON）に対しては暫定基準値（1.1ppm）が設定され、これを超える小麦については流通が規制されている
- 複数種の病原菌が関与しており、北海道で防除対象として重要な菌種は、DON汚染の原因となるフザリウム・グラミニアラム（F.g）と、DONは産生しないが道東地方を中心に多発し減収被害をもたらすミクロドキウム・ニバーレ（M.n）である
- M.n では、葉に周辺部が黄色い斑紋状の葉枯症状を生じる場合がある。葉の基部に発生し、葉鞘（ようしょう）まで進展すると、葉が下垂し、やがて葉全体が枯死する

多発圃場（小澤原図）

発病小穂上のスポロドキア（小澤原図）

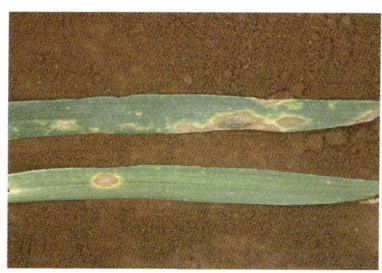

ミクロドキウム・ニバーレによる葉枯れ症状（小澤原図）

ミクロドキウム・ニバーレによる被害粒（小澤原図）

多発しやすい条件

- 開花時期に最も感染しやすく、降雨・曇天などの天候不順により多発する
- 倒伏は発病と DON 汚染を高める
- 葉枯症状は、降雨が多く登熟期間の気温が高温に推移すると発生しやすい傾向がある

（小澤）

フザリウム・グラミニアラムによる発病穂（小澤原図）

ミクロドキウム・ニバーレによる発病穂（小澤原図）

ミクロドキウム・ニバーレの葉鞘での症状（小澤原図）

フザリウム・グラミニアラムによる被害粒（小澤原図）

（次ページにつづく）

- 開花時期の茎葉散布が有効である。F.g と M.n では効果の高い薬剤が異なる。開花始めに M.n にも効果の高い薬剤を散布することで、M.n による穂および葉枯症状に対して効果がある
- 収穫後は速やかに乾燥する
- 粒厚選別や比重選別を行い、赤かび粒を除去するとともに DON 濃度低減を図る
- 倒伏防止に努める
- トウモロコシ残さは DON 汚染の原因菌の感染源となることから、前作トウモロコシ圃場では残さをすき込む

トウモロコシ残さ上に形成した病原菌の感染源（小澤原図）

立枯病

病 原	かび
発病部位	根、地際部
発病時期	6月上旬〜

発病の様子

- 土壌中の病原菌が根に感染・侵入する
- 感染した株は根が黒変腐敗し、進行すると地際の葉鞘（ようしょう）も黒変腐敗する
- 発病株は坪状に発生し、草丈が低く早期に枯れ上がり、容易に引き抜くことができる
- 出穂期以降、被害を受けた株では白穂が発生する

多発しやすい条件

- 病原菌は罹病（りびょう）刈り株などに生存することから、連作により多発しやすい
- 土壌水分、土壌 pH が高いと発生が多くなる

（相馬）

対策

- 連作を避け、非寄主作物を 2 年以上栽培する
- 圃場の排水を良くし、土壌 pH5.5 を目安とする
- C/N 比の低い有機物をすき込み、深耕する
- 夏季に 4 週間以上の湛水（たんすい）処理を行うと効果がある

発病株（左）（宮島原図）

地際と根の黒変（清水原図）

小麦　萎縮病

病　原	ウイルス
発病部位	葉
発病時期	起生期〜6月中旬

発病の様子

- 葉にかすり症状が現れ、全体が黄化して生育が抑制される
- 発病葉は軟弱となり、葉が巻く症状も認められる
- 激しい発病株は生育が停滞し、枯死する場合もある

多発しやすい条件

- 土壌伝染するため、発生履歴のある圃場では発生しやすい

（堀田）

発生圃場（堀田原図）

対策

- 連作をしない
- 農機具などに付着した病土が拡散しないよう注意する

黄化した葉の症状（堀田原図）

小麦 黄化萎縮病

病　原	かび
発病部位	全身
発病時期	起生期〜

発病の様子

- 株全体が淡黄色となり、分げつが異常に多く、節間はほとんど伸長しない
- 葉は幅が広く、肉厚となる

多発しやすい条件

- 大雨で小麦が浸・冠水した場合に多発しやすい

（小澤）

対策

- 稲、小麦、その他多数のイネ科植物などで生存していた病原菌が洪水などで広範囲に伝播するため、浸・冠水を防ぐことが対策となる

発病株の症状（角野原図）

病害編／小麦

小麦

裸黒穂病

病　原	かび
発病部位	穂
発病時期	出穂期〜

発病の様子

- 穂の粒の部分が黒褐色で薄い皮に包まれている
- 間もなく皮が破れ、中から黒褐色の粉状物が現れる
- 発病した株の茎は、草丈が低く、出すくみ穂となる場合もある

多発しやすい条件

- 病原菌は種子の内部に潜入しているので、発病圃場から採種した種子を播種すると発病が多くなる

（小澤）

対策

- 健全種子を使用する
- 種子消毒を行う

発病穂（児玉原図）

なまぐさ黒穂病

病　原	かび
発病部位	穂
発病時期	出穂期〜

発病の様子

- 発病穂内の発病粒は、子実内に茶褐色の厚膜胞子が充満し肥大する。このため発病穂では穎（えい）が外側に開き、毛羽立って見える。肥大がさらに進むと、球状に膨らんだ子実が露出する
- 発病穂は生臭い悪臭を放つ
- 発病株では稈長（かんちょう）が短くなる傾向がある

対策

- 種子消毒が有効とされている
- １〜３葉期の茎葉散布が有効である
- 長期輪作を行うとともに適期播種を心掛ける

多発しやすい条件

- 脱穀の際に発病粒が砕けるため、病原菌の厚膜胞子が麦粒表面に付着し、これが汚染種子となって翌年の発病につながるとされている
- 土壌中の厚膜胞子も感染源となることから、発生圃場で連作すると多発する
- 播種時の土壌湿度が高く、地温が低い条件で感染しやすいため、遅まきで多発しやすいとされている

（小澤）

発病穂（小澤原図）

発病粒（左）と健全粒（小澤原図）

小麦 株腐病

病　原	かび
発病部位	葉鞘、茎
発病時期	6月〜

発病の様子

- 葉鞘に水稲の紋枯病に類似した楕円形で周囲が褐色、内部が灰白色の斑紋が形成される。進行すると葉鞘全体が褐変する
- 茎にも楕円形〜紡すい形で、周囲が褐色で内部が灰白色の病斑が形成される
- 発病が激しい場合に茎が折れやすくなるが、眼紋病のように全面的な倒伏に至ることはないとされる

多発しやすい条件

- 病原菌は土壌中の罹病残さなどで生存するとされていることから、連作すると多発しやすい

（相馬）

対策

- 連作を避ける

葉鞘の斑紋（相馬原図）

茎の病斑（相馬原図）

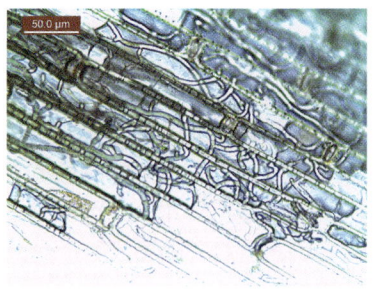

葉鞘の病斑内の菌糸（相馬原図）

大麦 網斑病

病　原	かび
発病部位	茎葉
発病時期	全生育期

発病の様子

- 葉に初めは微細な斑点が生じ、やがて周辺に黄化を伴う網目状の暗褐色病斑となる。暗褐色で楕円〜紡すい状、3mm×6mm程度の周辺に黄化を伴う斑点となることもある
- 病斑が多いと、やがて葉は枯れ上がる
- 被害株の子実は暗褐色で光沢のない外観となり、減収も生じる

多発しやすい条件

- 気温が15〜25℃のとき
- 多湿で、窒素およびリン酸が多用されたとき

（池田）

対策

- 健全種子を用い、種子消毒する
- 罹病残さは処分する
- 2年以上の輪作を行う

発病葉（清水原図）

大麦 斑葉病

病　原	かび
発病部位	葉身、葉鞘（ようしょう）
発病時期	2、3葉期～

発病の様子

- 初めは周縁が不明瞭な淡黄色～黄白色の条斑を生じる
- やがて黄褐色～暗褐色となり、縦に裂けることが多い
- 表面にすす状のかびが発生し、枯死する
- 生育が遅れ、草丈が低くなり、穂が出すくむ

多発しやすい条件

- 発芽時の地温が12℃で多発しやすく、15℃以上では減少する
- 発生圃場産の種子を使うと多発する

（池田）

対策

- 無発生地で種子採種する
- 種子消毒する
- 採種圃では胞子形成前に罹病（りびょう）株を抜き取る

発病株（清水原図）

大麦 　雲形病

病　原　かび
発病部位　葉身、葉鞘（ようしょう）、穂
発病時期　全生育期

発病の様子

- 初めは水浸状で灰白色〜灰緑色の汚斑を生じ、後に周縁部は暗褐色になり、楕円形（だえん）〜紡すい形の病斑となる
- しばしば病斑が融合して不整形・雲形の大型病斑となる
- 多発時には穂にも発生する
- 発病は下葉を枯らしながら上位にまん延し、病勢が強い場合は葉が早期に枯れ上がる

多発しやすい条件

- 比較的涼しい多湿条件下で多発する
- 窒素多肥やカリ肥料不足も本病を助長する
- 種子が保菌すると多発する

（池田）

対策

- 健全種子を用い、種子消毒を行う
- 被害麦稈（ばっかん）を完熟堆肥にするか、すき込む
- 肥培管理に注意する
- 茎葉散布を行う

病斑（清水原図）

トウモロコシ すす紋病

病　原	かび
発病部位	葉
発病時期	8月上旬ごろ

発病の様子

- 初めは葉に黄色の小斑点を生じる
- その後、斑点は拡大し、紡すい形の大型病斑となる
- 病斑が古くなると内部が灰色で周囲が褐色となり、すす状のかびが見える
- 早期にまん延すると生育が阻害され被害が大きくなる

多発しやすい条件

- 発病の適温は18～20℃である
- 8月上旬ごろに初発し、その後曇天で降雨が多いと多発する

（相馬）

発病後期の拡大病斑
（田中文夫原図）

対策

- 適期播種、適正施肥に努める。
- 罹病残さ（りびょう）が次年度の伝染源となるため連作を避ける
- 品種に強弱があるので抵抗性品種を選択する

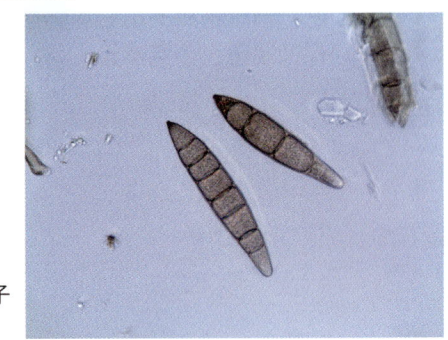

病原菌の胞子
（相馬原図）

倒伏細菌病

病　原	細菌
発病部位	葉鞘、茎、雌穂
発病時期	生育後半

発病の様子

- 最初、葉鞘や雌穂に水浸状の小斑点が現れ、これが次第に拡大して軟化腐敗する
- 症状が激しい場合には、茎の髄部も腐敗し、茎が折れやすくなる
- 腐敗臭はしない

多発しやすい条件

- 高温・多雨で多発する

（小澤）

対策

- 温湯浸漬などの種子消毒が有効とされている

雌穂での発病（三澤原図）

褐色腐敗病

病　原	細菌
発病部位	雌穂、葉鞘^{ようしょう}、茎
発病時期	絹糸抽出期前後〜収穫期

発病の様子

- 雌穂の包皮に褐色の病斑が発生する。このため商品価値が著しく低下する。雌穂の約40％に発生するほど多発することもある
- 病斑は葉鞘や茎にも発生するが、軟化腐敗することはない。包皮の病斑が子実まで達することはまれである
- 絹糸抽出期ごろから発病が見られ、初期の病斑は褐色水浸状で500円玉程度の大きさである。後に拡大し15cm以上となることがある。病斑は古くなると、内部が灰白色となる

多発しやすい条件

- 発生の多寡に地域間差がある
- 発病程度に品種間差がある
- 絹糸抽出以降の多雨により、発生が多くなる傾向がある

（相馬）

対策

- 本病が発生しやすい品種の作付けを避ける

発病株（相馬原図）

発病した雌穂（相馬原図）

根腐病

病原	かび
発病部位	根、稈
発病時期	8月下旬～収穫期

発病の様子

- 生育後半に発病しやすく、根と稈が腐敗し、株全体が萎凋・枯死する
- 稈の内部が腐敗してもろくなるため、倒伏しやすい。また雌穂が垂れ下がりやすい
- 飼料用トウモロコシでの発生事例がほとんどである

多発しやすい条件

- 8月下旬以降に大雨や河川の氾濫などにより圃場が滞水すると、発病に好適となる

（安岡）

対策

- 排水対策を行う
- 発病が見られたら、早めに収穫を行って被害を回避する

発病株（左）と健全株（安岡原図）

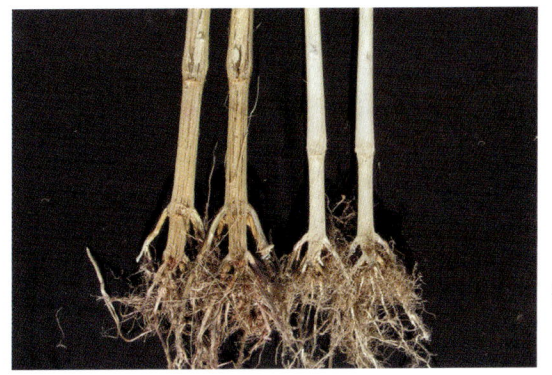

発病株の稈内部の腐敗（左）と健全株（安岡原図）

灰色かび病

病　原	かび
発病部位	茎、葉、花、さや
発病時期	大豆・小豆は8月上旬〜、菜豆は7月中旬〜

発病の様子

- さやでは開花後の花弁が付着している先端部から、葉や茎では同じく花弁が落下付着した部分から感染・発病することが多い
- 初め水浸状に軟化腐敗し、やがて灰色のかびを生じる

多発しやすい条件

- 開花期以降、降雨が多く、低温・多湿条件が続くとき
- 多肥や密植による茎葉の過繁茂で風通しが悪い場合

（長濱）

対策

- 圃場の排水を良くする
- 適正施肥により過繁茂を避ける
- 開花1週間後から薬剤散布を行う

菜豆のさや
（長濱原図）

小豆の葉（阿部原図）

菌核病

病原	かび
発病部位	茎、葉、さや
発病時期	大豆・小豆は8月上旬～、菜豆は7月中旬～

発病の様子

- 初めは水浸状に軟化腐敗し、その後表面に白色綿状のかびが生える
- かびに接触した茎やさやが次々に感染し、株全体にまん延することもある
- 病斑部の表面や内部にネズミの糞状の黒くて硬い菌核を形成する

小豆のさやに白色綿状のかび（堀田原図）

多発しやすい条件

- 開花期以降、降雨が多く低温・多湿条件が続くとき
- 多肥や密植による茎葉の過繁茂で風通しが悪い場合
- 菌核で越年し、翌年の伝染源となるので連作すると多発しやすい　　　　　　　　（長濱）

対策

- 連作すると菌核密度が高まるので適切な輪作を行う
- 圃場の排水を良くする
- 適正施肥を行い、過繁茂を避ける
- 開花始め後から薬剤散布を行う

大豆の茎部病斑上に菌核が形成
（堀田原図）

炭疽病
たんそ

病　原	かび
発病部位	茎、葉、さや
発病時期	主に大豆・小豆は7月〜、菜豆は6月上旬〜

発病の様子

大豆
- 茎に赤褐色で不整形の斑点ができ、拡大して淡褐色〜灰褐色になる
- さやには赤褐色〜灰褐色の斑点を生じ、後に全面に広がり奇形・捻転・枯死し、剛毛が密生した小黒点（分生子層）を生じる

小豆
- 葉の裏側に、縁が赤褐色〜濃褐色で円形または多角形の、葉脈に沿った網目状の斑点ができる
- さやでは、暗緑色、楕円形〜不整形の斑点となる

菜豆
- 葉では、葉柄や葉脈に沿って暗褐色〜黒褐色の条斑を生じ、その部分が萎縮したり奇形となる
- 茎では、上下に条斑となる
- さやでは、周縁が赤褐色で中央部がややくぼんだ暗褐色で円形の斑点ができ、多湿時には病斑部に鮭肉色の粘質物（胞子塊）を生じる

多発しやすい条件

- 汚染種子を使用すると多発する
- 連作すると多発しやすい
- 7月以降に雨が多く、多湿条件が続くと、多発しやすい

（長濱）

対策

- 健全種子を使用し、種子消毒を行う
- 薬剤の茎葉散布を行う
- 適切な輪作を行う
- 被害残さを適切に処分する

小豆の葉（長濱原図）

菜豆の葉裏（長濱原図）

菜豆のさや（長濱原図）

茎疫病

病　原	かび
発病部位	茎、根
発病時期	全生育期

発病の様子

- 地際部あるいは下位分枝節を中心に濃緑色〜褐色の水浸状の病斑を形成し、その後萎凋・枯死する
- 病斑の表面に白色粉状のかびが生じる
- 乾燥条件では、病斑部の周縁がわずかに赤褐色、あるいは赤紫色に変色することがある
- 根は褐変して根腐れ症状を呈する

対策

- 適切な輪作を行う
- 心土破砕、明きょ、培土などによる排水対策を行う
- 抵抗性品種を栽培する
- 種子に薬剤を塗沫する
- 発生前に薬剤を散布する

多発しやすい条件

- 高土壌水分および高温で急激に発病し、まん延する
- 水田転換畑などでの被害が多い　　　　　　　（東岱）

大豆の立ち枯れ（東岱原図）

小豆の立ち枯れ（東岱原図）

小豆主茎の病斑（東岱原図）

大豆　わい化病

病　原	ウイルス
発病部位	地上部全体
発病時期	6月下旬〜

発病の様子

- わい化型：葉が小型化し、葉柄や節間が短くなり草丈が低くなる
- 縮葉型：葉が小型化し、葉縁および葉の表面がちりめん状に縮葉する
- 黄化型：下葉の葉脈間が黄化する

多発しやすい条件

- 春先の気温が高いと、ウイルスを媒介するジャガイモヒゲナガアブラムシの発生が早く、その量も多くなり本病が多発する
- 圃場周辺に伝染源となるウイルスを保毒したクローバ類が多いと、保毒したアブラムシも多くなる

（佐々木）

対策

- アブラムシを防除するため、種子処理剤の塗抹処理、薬剤の茎葉散布を行う
- 用途や栽培適地が限られるが、抵抗性品種が利用可能である

葉の縮葉およびわい化症状
（萩田原図）

病害編／大豆

大豆　べと病

病　原	かび
発病部位	葉、種子
発病時期	6月〜

発病の様子

- 葉の表面に黄白色の小斑点、裏に灰白色のかびが生える
- 種子表面には汚白色でマット状のかびが付着し、黒大豆では商品価値が著しく低下する

多発しやすい条件

- 雨が多くて多湿
- 密植で風通しが悪い　　　　　　　　　　（池谷）

対策

- 種子伝染するので、健全種子を使用する
- べと病抵抗性が「弱」の品種および黒大豆では、薬剤を茎葉散布する

葉の病斑（池谷美奈子原図）

葉裏のかび（池谷美奈子原図）

中生光黒

かびが付着した種子（池谷美奈子原図）

斑点細菌病

病 原	細菌
発病部位	葉、茎、さや
発病時期	6月中旬〜

発病の様子

- 初めは初生葉に暗緑色で水浸状の病斑が認められ、後に黒褐色となる
- 病斑の外周には黄色の暈（かさ）（ハロー）を生じる
- 茎、さやでの病斑は赤褐色〜黒褐色でやや陥没する

多発しやすい条件

- 汚染種子の使用
- カルチでの中耕除草などによる接触
- 連作

（角野）

対策

- 汚染種子を使用しなければ減収に至る被害は生じないので、一般圃場では防除の必要はない
- 種子生産圃場では、①種子消毒②6月中旬〜7月上旬の発病株の抜き取り③抜き取り直後とその1週間後の薬剤散布—を組み合わせて防除する
- 発生圃場で使用したカルチなどにより、他の圃場へ広がることがあるので注意する

初生葉での初期病斑（清水原図）

病斑外周に黄色のハローを生じる（谷井原図）

大豆　斑点病

病　原	かび
発病部位	葉、葉柄、茎、さや、種子
発病時期	7月〜

発病の様子

- 葉に中央部が灰色〜黄褐色、周縁は濃褐色の眼点状の斑点を生じる
- 茎や葉柄に黒褐色の紡すい形斑点を生じる
- さやに周縁が濃褐色、内部が単褐色の円形病斑を生じる
- 被害の著しいさやの子実は灰黒色〜紫色の斑紋を有する汚粒となる
- 1990〜91年に品種「スズヒメ」で多発したが、その後は問題となっていない

多発しやすい条件

- 降雨の多い温暖な気象条件
- 抵抗性「弱」品種の栽培
- 汚粒種子の播種による発病　　　　　　　　（白井）

対策

- 抵抗性品種を栽培する
- 健全種子を使用する
- 収穫後、被害茎葉は集めて処分する

葉の眼点状症状（堀田原図）

子実の斑紋病斑（谷井原図）

さやの症状（田中文夫原図）

紫斑病

病　原	かび
発病部位	子実
発病時期	収穫時

発病の様子

- 収穫した子実が紫色に着色する
- 汚染粒由来個体の子葉は先端部が暗紫色を呈するが、農家圃場では汚染粒率が低いため、収穫子実以外の症状の発見は困難である

対策

- 種子消毒を実施する
- 開花10日後と30日後の2回、薬剤を茎葉散布する

多発しやすい条件

- 品種「ユウヅル」は発病が多い
- 開花期～成熟期に降雨が多い年　　　　　（三澤）

汚染粒(三澤原図)

発病子葉(三澤原図)

大豆　黒根腐病

病　原　かび
発病部位　根
発病時期　8月上旬〜

発病の様子

- 初めは葉がしおれ、次第に株が枯死する
- 発病株の地際と主根は褐変・腐敗しており、容易に引き抜くことができる。根の腐敗が地上部のしおれと枯死の原因である
- 発病株の地際部から主根上部にかけての表面に赤色で球形（直径0.5mm程度）の器官（病原菌の子のう殻）が見られることがある

多発しやすい条件

- 病原菌は土壌中に生存するため、大豆の連作・過作により多発しやすい
- 府県の知見では排水不良の圃場で発生が多いとされる
- 降水量が多いと発生が多くなる傾向がある　　　（相馬）

対策

- 罹病残さが伝染源となるため連作を避ける
- 府県の知見では田畑輪換が有効とされている

発病株の茎葉（相馬原図）

地際に形成した子のう殻（相馬原図）

発生圃場（相馬原図）

小豆　褐斑細菌病

病　原	細菌
発病部位	葉、茎、さや
発病時期	6月中旬〜

発病の様子

- 初めは初生葉に褐色の小斑点が認められるが、識別しにくい
- 病斑部はもろくて破れやすい
- 本葉では赤褐色の円〜不正形の大型病斑となり、病斑の外周に黄緑色の暈（ハロー）を生じる
- 茎では赤褐色の条斑、さやでは水浸状で褐色の円〜不正形病斑となる

多発しやすい条件

- 汚染種子の使用
- カルチでの中耕除草などによる接触
- 冷涼で多湿

（角野）

対策

- 汚染種子を使用しなければ減収に至る被害は生じないので、一般圃場では防除の必要はない
- 種子生産圃場では、①種子消毒②6月中〜 7月下旬の発病株の抜き取り③抜き取り直後とその1週間後の薬剤散布—を組み合わせて防除する
- 発生圃場で使用したカルチなどにより、他の圃場へ広がることがあるので注意する

病害編／小豆

葉の病斑（谷井原図）

さやの病斑（谷井原図）

圃場での発生状況（角野原図）

小豆　萎凋病（いちょう）

病　原　かび
発病部位　地上部全体
発病時期　6月下旬〜

発病の様子

- 葉では水浸状の褐色病斑、縮葉、葉脈えそを生じる
- 茎を縦に割ると、髄がレンガ色に褐変する
- 早期に発病すると、7月下旬ごろに落葉枯死する

多発しやすい条件

- 連作で多発しやすい
- 高温・乾燥で経過すると発病しやすい

似た病害との見分け方

- 落葉病（P.74）に似ているが、以下の2点が判別の
  ポイントである
① 発病時期が6月下旬〜7月上旬で、落葉病の8月中旬
  ころに比べて早い
② 萎凋病の場合は茎の髄部がレンガ色に褐変するが、落
  葉病は主に茎の外層部（維管束）が紫色に褐変する
  （小倉）

（対策）

- 抵抗性品種を栽培する
- 連作を避け、適切な輪作を行う
- 発病した畑産の種子は使用しない

発病株（近藤原図）

茎を縦に割ると髄がレンガ色に褐変（小倉原図）

よく似た落葉病は8月中旬ごろから発病が見られる（小倉原図）

小豆　落葉病

病　原　かび
発病部位　地上部全体
発病時期　8月中旬〜

発病の様子

- 開花期以降に下位葉から萎凋（いちょう）し始め、次第に上位葉に及ぶ
- 萎凋症状が激しくなると落葉枯死する
- 茎を縦に割ると維管束が褐変し、激しい場合は髄部も褐変する

多発しやすい条件

- 連作で多発しやすい
- 低温年の方が、発生が早く、発病も激しくなる
- ダイズシストセンチュウが発生している畑では発病が激しくなる

（小倉）

対策

- 抵抗性品種を栽培する
- 麦類、トウモロコシなどのイネ科作物を輪作体系（4〜5年以上）に積極的に取り入れる
- ダイズシストセンチュウ発生畑での作付けは控える
- 発生した畑産の種子は使用しない

発病圃場（田中文夫原図）

茎を縦に割ると維管束が褐変（小倉原図）

小豆　輪紋病

病　原	かび
発病部位	葉
発病時期	7月中旬〜

発病の様子

- 葉に暗褐色〜褐色の病斑、黒褐色の同心輪紋を生じる
- 中心部に黒色の小粒点が密生する
- 乾燥下では病斑中央部が裂ける

多発しやすい条件

- 夏から秋の多湿時に発生が多い

（東岱）

対策

- 被害茎葉を処分し、輪作する
- 薬剤を散布する

罹病（りびょう）葉（堀田原図）

小豆　さび病

病　原　かび
発病部位　葉、葉柄、茎
発病時期　全生育期

発病の様子

- 葉に褐色斑点が生じ、病斑周縁部がやや黄化する
- 病斑が隆起し、隆起部の表皮が破れて赤褐色の粉状物ができ飛散する
- 茎や葉柄も発病し、病斑が多くなると折れやすくなる

多発しやすい条件

- 多湿土壌で生育初期の感染が多くなり、多発する

（東岱）

対策

- 被害茎葉を処分し、輪作する
- 発病初期に薬剤を散布する

発病葉
（東岱原図）

葉裏から見た発病葉（東岱原図）

茎腐細菌病

病 原	細菌
発病部位	茎、葉、さや
発病時期	全生育期

発病の様子

- 出芽直後から発生し、生育初期では葉に赤褐色で水浸状の小斑点あるいは葉脈に条斑を生じる
- 葉柄に進展し、茎に達して水浸状の病斑を形成する
- 立ち枯れることもあるが、茎の病斑の腐敗により折れやすくなる
- 生育後期には葉にくさび型の病斑を形成する
- さやには初めに濃緑色円形の水浸状病斑を生じる

多発しやすい条件

- 多湿条件でまん延する
- 風雨のほか、圃場管理作業により発病株が増加する

（東岱）

対策

- 無病の種子を用いる
- 種子に薬剤を粉衣し、生育初期から薬剤を散布する

茎の折損（東岱原図）

さやの病斑（東岱原図）

葉の病斑（東岱原図）

菜豆　黄化病

病　原	ウイルス
発病部位	地上部全体
発病時期	7月下旬

発病の様子

- 上葉から退緑黄化し、株全体に広がり生育が停止する
- 黄化した葉は厚く、ごわごわした感じになり、葉肉部が褐変する
- 畑の周辺部で多くなる傾向があり、圃場全面に点々と散在する
- 発病株は着莢数が減少し、子実が充実しないため、収穫皆無となる

多発しやすい条件

- 春先の気温が高いと、ウイルスを媒介するジャガイモヒゲナガアブラムシの発生が早く、その量も多くなり本病が多発する
- 圃場周辺に伝染源となるウイルスを保毒したシロクローバなどが多いと、保毒したアブラムシも多くなる

（佐々木）

対策

- アブラムシを防除するため、種子処理剤の塗抹処理、薬剤の茎葉散布を行う
- 抵抗薬剤の性品種を利用する

葉の退緑黄化（萩田原図）

菜 豆 — かさ枯病

病　原	細菌
発病部位	葉、茎、さや
発病時期	6月上旬～

発病の様子
- 葉に黄褐色の微小な小点を生じ、伸展して角張った水浸状病斑となり、その周囲に黄色の暈（かさ）（ハロー）を生じる
- さやでは濃緑色で周囲が赤褐色の陥没した大型の円形～不整形病斑を生じる

多発しやすい条件
- 罹病（りびょう）種子からの発病は、土壌が低温多湿だと多発する
- 初発後の風雨でまん延する
（白井）

対策
- 無病種子を使用する
- 種子消毒を行う
- 罹病株は早期に抜き取る
- まん延前から薬剤散布を行う
- 茎葉に濡れ（ぬれ）のあるときに中耕除草などの作業をしない
- 採種圃場の管理農機具は一般圃場と共用しない

さやの病斑（角野原図）

葉の病斑（角野原図）

菜豆 アファノミセス根腐病

病　原	かび
発病部位	胚軸、根
発病時期	6月中旬〜

発病の様子

- 初めは根部の胚軸に水浸状の病斑が現れる
- 主根が腐敗・脱落し、二次根が発生する
- 地上部は脱水症状を起こしたように萎凋（いちょう）する

多発しやすい条件

- 播種後の気象条件が高温で、適度の降雨があると多発する

（堀田）

対策

- 連作をしない
- 播種前に速効性の窒素肥料（尿素、硫安）10kg/10aを全層混和する

地上部の病斑（堀田原図）

根部の病斑（堀田原図）

菜 豆　苗立枯病

病　原	かび
発病部位	子葉、胚軸、根
発病時期	出芽前後

発病の様子

- 出芽前に病原菌に感染すると、子葉が腐敗したり、発根・出芽が抑制され枯死に至る
- 出芽後は初生葉が展開する前に生育が抑制され、根の生育が止まる
- 圃場での発生は出芽前の腐敗が多く見られる

多発しやすい条件

- 播種後の土壌水分が高いとき
- 播種後の気温が低いと出芽が停滞し、感染が助長される

（栢森）

対策

- 種子塗沫剤（とまつ）の効果が高い

左から健全株、発病株（栢森原図）

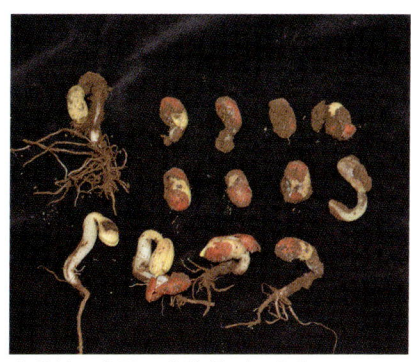

出芽前の腐敗の症状（栢森原図）

馬鈴しょ 葉巻病

病　原	ウイルス
発病部位	全身
発病時期	6月中旬〜収穫期

発病の様子

- 保毒種いもを植え付けると、萌芽後間もなく下位葉から葉が上に巻き上がり、茎の伸長が抑えられ生育が悪くなる
- 生育中にウイルスを保毒したアブラムシにより感染すると、まず頂葉の緑がやや薄くなり上に巻くようになる

多発しやすい条件

- 保毒種いもを使用すると多発する
- アブラムシ類の発生が多いと多発する　　　（佐々木）

対策

- 種いもは毎年更新し、無病の種いもを使用する
- 発病株は早期に抜き取り、野良生えいもは早期に処分する
- アブラムシ類の薬剤防除を行う
- 原採種圃ではさらに一般圃から隔離し、アブラムシ防除を徹底するなどの対策を行う

保毒種いもからの発病（萩田原図）

馬鈴しょ Ｙモザイク病

病　原	ウイルス
発病部位	全身
発病時期	開花期ごろ〜

発病の様子

- 主に葉のモザイク症状、えそ、れん葉などの病徴を引き起こすが、品種と発生しているウイルスの系統によって症状は異なる
- 「男爵薯」や「とうや」などでは、本ウイルスのえそ系統や塊茎えそ系統による病徴が不明瞭となることがある

多発しやすい条件

- ウイルスを保毒した塊茎を種いもとした場合
- アブラムシの多発により、ウイルスが媒介される

（山名）

対策

- 採種圃産の健全種子を使う
- 抵抗性品種を利用する
- アブラムシの防除を行う

モザイクとれん葉（山名原図）

葉脈のえそ（野津原図）

馬鈴しょ　軟腐病

病　原	細菌
発病部位	葉、茎、塊茎
発病時期	7月〜収穫期

発病の様子

- 土壌中の病原菌が下葉の接地や降雨での跳ね返りによって茎葉に付着し、傷口から感染する
- 病斑は水浸状に腐敗し、褐色〜黒褐色になって上下に進展する
- 塊茎ではクリーム状に軟化腐敗し、悪臭がある

多発しやすい条件

- 7月から8月の天候が高温・多雨の場合
- 茎葉が過繁茂したり倒伏した場合
- 圃場の透排水が不良な場合
- 滞水すると塊茎が腐敗しやすい

（美濃）

対策

- 薬剤を散布する
- 過繁茂させないよう肥培管理に注意する
- 圃場の透排水性を改善する

茎葉の症状（美濃原図）

馬鈴しょ / 黒あし病

病　原	細菌
発病部位	茎、ストロン、塊茎
発病時期	6月上旬〜

発病の様子

- 植え付け後の種いもが腐敗して徐々に茎に進行し、茎葉の萎凋を経て地際部が黒く腐敗する
- ストロンを介し塊茎が腐敗する
- 7月下旬以降は、軟腐病の症状と見分けにくくなる

対策

- 無病の種いもを使用し、種いも消毒を行う
- 切断刀の消毒を行う
- 種いも栽培では発病株の抜き取りを行い、収穫後はよく風乾し、傷を付けないようにする

多発しやすい条件

- 保菌種いもを使用すると発生しやすい
- 切断刀によって健全種いもに接触伝染する
- 植え付け後の低温・多雨条件は発病を助長　　　（安岡）

茎葉の萎凋症状（安岡原図）

維管束部の褐変（安岡原図）

黒あし症状（安岡原図）

馬鈴しょ　そうか病

病　原	細菌（放線菌）
発病部位	塊茎
発病時期	塊茎形成期〜

発病の様子

- 土壌中の病原菌が塊茎形成期の未熟な皮目や傷から感染して発病する
- 病斑や汚染土壌が付着した種いもを消毒せずに植え付けても、同様に発病する
- 発病すると、塊茎表面にかさぶた状の病斑を形成する
- 病斑は普通型、隆起型、陥没型に分けられ、隆起型病斑は道東でのみ見られるが、病斑の型にかかわらず対策は同じである
- 病原菌は馬鈴しょの他、てん菜、だいこん、かぶ、にんじん、ごぼうなど多数の根菜類に寄生してそうか病斑を形成する
- 品種によって本病に対する強弱があり、「男爵薯」などは弱いが、「スノーマーチ」は強い

多発しやすい条件

- 塊茎形成期以降の土壌が乾燥して経過した場合
- 土壌pHが高い（交換酸度が低い）圃場
- 馬鈴しょや根菜類が連作、過作されている場合
- 保菌種いもを使用した場合　　　　　　　（美濃）

普通型病斑（美濃原図）

隆起型病斑（谷井原図）

対策

- 種いも消毒を実施する
- 抵抗性の強い品種を利用する
- 前作にイネ科やマメ科の作物を栽培する
- 土壌酸度調整資材を用いて土壌pH5.0を目標に調整する

陥没型病斑（美濃原図）

激発した塊茎（美濃原図）

馬鈴しょ ／ **疫病**

病　原	かび
発病部位	茎葉、塊茎
発病時期	6月～

発病の様子

- 茎葉に水浸状で不定形の病斑が現れ、葉裏には白い菌糸が認められる
- 顕微鏡で観察すると、レモン型の遊走子のうがある
- 病勢が強いと黒褐色に枯凋する
- 初発後、発病しやすい天候が続くと、数日で圃場全体にまん延する
- 収穫期近くに雨が多いと、葉の病斑から流れ落ちた病原菌が土中に入り、塊茎にも感染する（塊茎腐敗）
- 塊茎では、表面が不規則にへこみ、切断すると内部に褐変が認められる
- 塊茎腐敗は収穫時に認められるだけでなく、貯蔵中に症状が進展し、貯蔵後に被害が確認されることもある

多発しやすい条件

- 15～25℃程度の気温で湿度が高いとき
- 収穫前の降雨（塊茎腐敗）

（池田）

対策

- 抵抗性品種を作付けする
- 初発前から薬剤防除を行う

茎葉における初期病斑（池田原図）

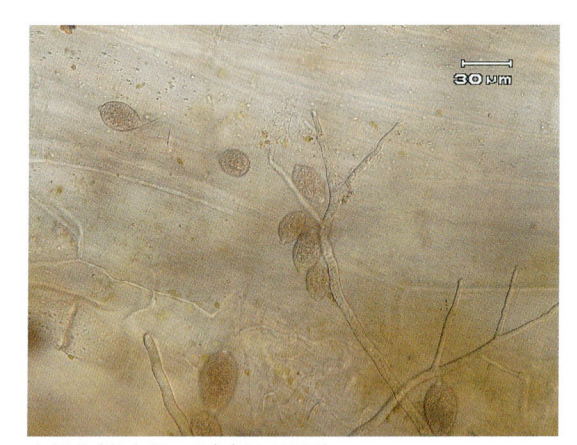

病原菌（遊走子のう）（池田原図）

薬剤の効果（池田原図）

無防除区

化学農薬散布区

塊茎の症状（谷井原図）

馬鈴しょ　粉状そうか病

病　原　かび
発病部位　塊茎
発病時期　塊茎肥大期〜収穫期

発病の様子

- 塊茎表面に円形で赤褐色のやや盛り上がった病斑が見られる
- 病斑の周りの表皮がひだ状に残っているのが特徴である

多発しやすい条件

- 保菌種いもの使用
- 塊茎形成期間の多雨
- 病原菌の休眠胞子は長期間生存できるので、連作圃や短期輪作圃では多発しやすい　　　　　（池谷）

対策

- 無病の種いもを使用する
- 抵抗性品種を作付けする
- 輪作を行う
- 植え付け前に薬剤の全面土壌混和を行う

塊茎の病徴（清水原図）

塊茎の病徴（重症）（池谷美奈子原図）

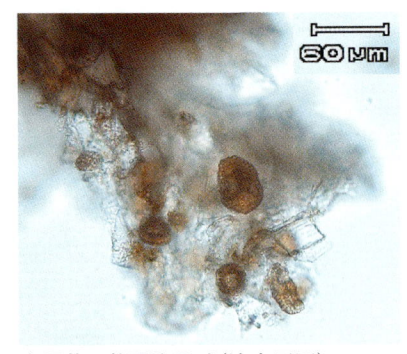

病原菌の休眠胞子球（清水原図）

馬鈴しょ 黒あざ病

病　原	かび
発病部位	塊茎、ストロン
発病時期	全生育期

発病の様子

- 萌芽期には萌芽遅れ・生育不良が認められる
- 地下部では、ストロンの消失や塊茎の小型化などが発生し、収量を著しく損なうことがある
- 地上部では、頂葉が巻くなどの症状の後に枯凋したり、気中塊茎が発生することもある
- 新塊茎の表面に黒いあざ状に盛り上がった菌核が形成される

多発しやすい条件

- 菌核が付着した汚染種いもの使用
- 馬鈴しょの多作・連作
- 萌芽までの地温が低く多湿なとき 　　　　　（池田）

対策

- 健全種いもを使う
- 種いも消毒を行う
- 長期輪作を実施する

萌芽期の発病株（左から重症、軽症、健全）
（池田原図）

地上部の激発症状（池田原図）

気中塊茎（池田原図）

馬鈴しょ　夏疫病

病　原	かび
発病部位	葉、塊茎
発病時期	葉：7月中旬〜収穫期
	塊茎：貯蔵中

発病の様子

- 葉に黒褐色で輪紋状の円形病斑を生じる
- 病斑が拡大すると中心部に穴があくことがある
- 品種「ゆきつぶら」では塊茎にも発病し、貯蔵中に円形〜不整形の灰黒色の浅い陥没病斑を生じ、時に融合して大型の病斑となる

多発しやすい条件

- 高温時に発生しやすい
- 植物体の老化や肥料不足などのときに多発しやすい

（白井）

対策

- 連作を避ける
- 適切な肥培管理を行う
- 薬剤の茎葉散布を行う

葉の輪紋状病斑（白井原図）

塊茎の浅い陥没病斑（白井原図）

馬鈴しょ / 炭疽病
たんそ

病　原 かび
発病部位 茎、塊茎
発病時期 生育後半〜貯蔵中

発病の様子

- 生育後半の茎の地際部に暗灰色〜褐色の病斑が形成される
- 塊茎の発病は貯蔵後に見られ、円形〜楕円形の陥没病斑を形成し、表皮は浅くコルク化する

対策

- 種いもは無病のものを使用する
- 適切な輪作と肥培管理を行う

多発しやすい条件

- 保菌した種いもの使用
- 連作や作付け頻度が高くなった場合
- 他の要因で馬鈴しょがストレスを受けたとき　（安岡）

貯蔵後の陥没病斑（安岡原図）

茎地下部の症状（谷井原図）

馬鈴しょ　菌核病

病　原	かび
発病部位	茎、葉
発病時期	7月中旬（開花）〜

発病の様子

- 茎葉に付着した落下花弁に白色綿状のかびを生じ、その部分が水浸状に軟化腐敗し、やがてネズミの糞状の菌核が形成される

多発しやすい条件

- 開花以降に多湿条件が続くと、発病に好適となる
- 多肥栽培や軟弱徒長による倒伏、農作業などによる茎葉部の損傷は発病を助長する

（安岡）

対策

- 多肥栽培を避ける
- 薬剤の茎葉散布を行う

茎の病斑と菌核（清水原図）

半身萎凋病（いちょう）

病　原	かび
発病部位	全身
発病時期	開花期前後〜収穫期

発病の様子

- 初めは下位葉がしおれて退緑し、後に黄化する
- 症状は次第に上位へ進展し、株全体が枯れ上がり、早期に枯凋（こちょう）する
- 1枚の複葉の片側や1茎の片側、1株の数本の茎のみなど、半分のみに症状が見られる場合がある
- 地際の茎を切ると、維管束が褐変している

多発しやすい条件

- 連作やだいこんなど感受性が高い作物の過作
- 傾斜地の下側部分などの排水不良箇所
- 汚染土壌の混入　　　　　　　　　　　（角野）

発病状況（右片側の黄化・萎凋）（角野原図）

対策

- 連作や感受性が高い作物の過作を避け、圃場の発生程度と作物の感受性程度を考慮した輪作を行う
- 種いもは無病のものを用いる
- 汚染土壌の移動防止に努める

茎の切断面（右側維管束が褐変）（角野原図）

馬鈴しょ　灰色かび病

病　原	かび
発病部位	葉、葉柄、花、茎、塊茎
発病時期	7月中旬〜、貯蔵後

発病の様子

- 主に花びらが葉の上に落ち、そこに水浸状の病斑を形成する
- 病斑には灰色でビロード状のかびを生じる
- 葉柄、花、茎にも同様に発生することがある
- 塊茎では、表面にしわのよった不整形、大型の変色部を生じ、内部組織が水浸状に腐敗する

多発しやすい条件

- 多雨・多湿のとき
- 塊茎に傷が付くと貯蔵中に腐敗しやすい

（栢森）

対策

- 連作、多肥を避ける
- 塊茎の損傷を防ぐ

落下した花びらと葉の症状（栢森原図）

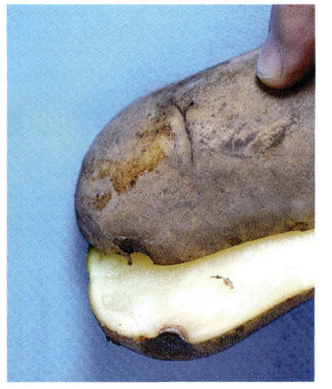

塊茎表面の初期症状（栢森原図）

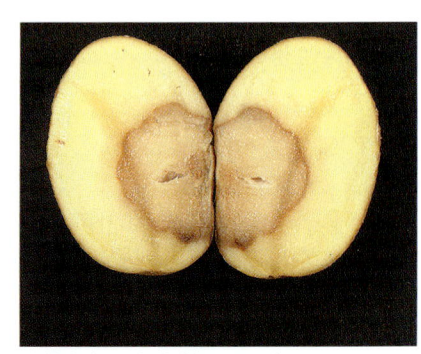

塊茎内部の症状（安岡原図）

乾腐病

発病の様子

- 塊茎表面は褐色〜黒褐色となり、しわ状の大きなへこみが生じる。ここに白色〜淡紅色のかびが生じることもある
- 内部は灰色〜黒褐色となり、空洞となることもある。ここにも白色〜淡紅色のかびが生じる
- 保菌した種いもを植え付けると、土壌中で腐敗して欠株となる

対策

- 健全な種いもを使用する
- 連作を避ける
- 貯蔵に際しては傷のある塊茎を選別・除去し、過湿にならないように管理する

多発しやすい条件

- 連作
- 保菌種いもの使用
- 収穫、選別、貯蔵時の傷

（栢森）

塊茎表面の症状（阿部原図）

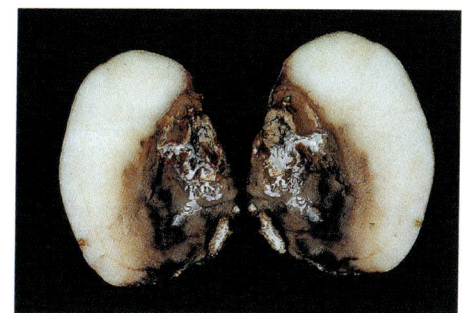

塊茎内部の症状（阿部原図）

塊茎褐色輪紋病

病　原	ウイルス
発病部位	塊茎
発病時期	収穫期

発病の様子

- 試験例数は少ないが、北海道の主要品種においては、茎葉の症状は確認されていない
- 塊茎表面に薄いすじ状の斑紋を生じ、このような塊茎を切断すると、茶褐色のすじ状のえそが認められる

多発しやすい条件

- 道内では病原ウイルスが確認されている圃場は限定的だが、ウイルスはジャガイモ粉状そうか病菌によって伝播（でんぱ）するため、粉状そうか病（P.90）が多発しやすい土壌や環境条件では発生リスクが高まる

（清水）

対策

- 粉状そうか病の耕種的防除対策を重点的に実施する
- 薬剤の全面散布後、土壌混和を行う

塊茎外観症状（清水原図）

塊茎内部のえそ症状（清水原図）

てん菜 斑点細菌病

病　原	細菌
発病部位	葉、葉柄
発病時期	育苗期、移植直後〜

発病の様子

- 葉に赤褐色〜黒褐色、円形の径3mm大の斑点が形成され、やがて中心部が灰白色〜汚白色となる
- 病斑は古くなるとややへこみ、光沢のある汚白色となる
- 本葉では、病斑は融合して不整形となることもある
- 激しい場合には、葉柄にも黒褐色の条斑を生じることがある
- 病斑は水浸状で、菌糸や胞子、黒点は生じない

多発しやすい条件

- 比較的冷涼で多湿な条件で発生する。
- 強風・降霜などにより葉が傷付くと発生しやすい
- 前年の罹病葉や汚染種子が伝染源となる

（池田）

対策

- 健全種子を用いる
- 育苗中と移植時にできる限り傷付けないようにする

本圃での発生（清水原図）

てん菜　西部萎黄病

病原	ウイルス
発病部位	葉
発病時期	6月中旬〜

発病の様子

- 葉に黄化が生じる。発病が進むと主に葉脈間の葉肉部分が黄化し、葉脈付近には緑色が残る点で、肥料抜けやそう根病による黄化と区別できる
- 発病葉は健全葉に比べて硬くなる
- 圃場全体では、最初にスポット状に黄化株が見られることが多い
- 発病株は根重が減少することにより、減収する

対策

- ウイルスを保毒したモモアカアブラムシがハウスなどの施設内で越冬できないよう、被覆の除去やハウス内の雑草や残さの除去など、冬季間の施設での衛生管理を地域全体で取り組むことが最も効果的な対策となる
- 移植栽培では移植前に殺虫剤を苗にかん注する
- 薬剤の茎葉散布によりアブラムシの発生を抑える

多発しやすい条件

- ウイルスを保毒したモモアカアブラムシ（P.329）が春季から発生していると被害が大きくなりやすい

（山名）

黄化した葉（山名原図）

発生圃場(池谷美奈子原図)

全面発生圃場(三宅原図)

てん菜に寄生するモモアカアブラムシ(三宅原図)

てん菜 / そう根病

発病の様子

- 発病の初期は日中に葉がしおれ、夜間に回復する
- 発病が進むと葉の全体が退緑黄化し、細長くなり直立する
- 重症個体ではマグネシウムやカリウムなどの要素欠乏症状を伴う
- 時には葉脈黄化症状も見られる
- 主根先端や側根では細根が異常に増加、叢生（そうせい）し、維管束が褐変してもろく折れやすくなり、最後にはスポンジ状に腐る
- 本圃感染による発病個体は、圃場の一部に坪状または帯状に分布することが多い

多発しやすい条件

- 土壌pHが高い圃場
- てん菜の連作、短期輪作
- 夏季の高温・多湿

（池谷）

対策

- 抵抗性品種を作付けする
- 育苗には健全土を用いる
- 汚染土壌の拡散防止に努める
- pHの高い圃場では5.5程度に低下させる

地上部の黄化（池谷美奈子原図）

葉が直立した発病株（池谷聡原図）

発生圃場（池谷聡原図）

葉脈黄化症状（池谷美奈子原図）

細根の叢生症状（阿部原図）

てん菜 そうか病

病　原	細菌（放線菌）
発病部位	根部
発病時期	8月上旬〜

発病の様子

- 初めは周囲が淡赤色の褐色斑点を生じ、主根の肥大とともに大きくなる
- 最終的に病斑は10〜40mm以上で褐色の陥没、隆起、こぶ状となる

多発しやすい条件

- 馬鈴しょそうか病（P.86）の既発地
- pHの高い土壌、乾燥した圃場

（池田）

対策

- 育苗土に馬鈴しょの遊離土などの病土を用いない
- てん菜と馬鈴しょの短期輪作や連作を避ける

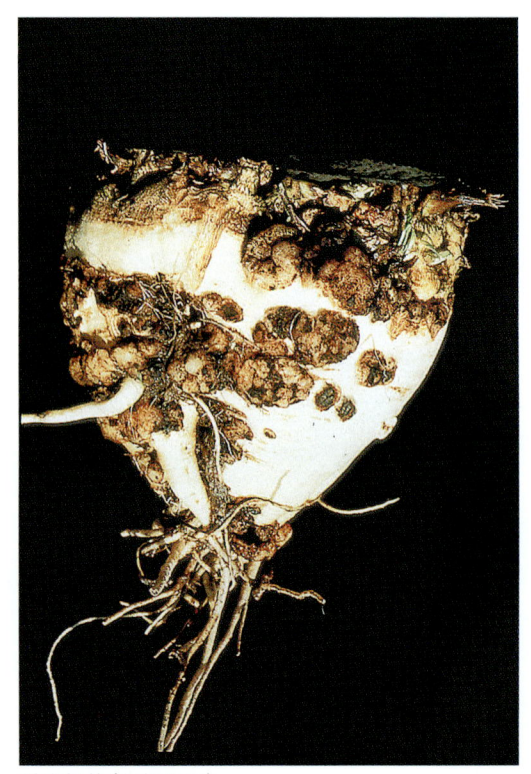

重症個体（阿部原図）

苗立枯病

病　原	かび
発病部位	胚軸部
発病時期	発芽前後〜本葉2、3葉期

発病の様子

- 発芽後、主に胚軸部に発生し、感染時期が早いと土壌中で枯死して出芽しない
- 出芽後は主に地際部に水浸状または黒褐色の病斑を形成し、その部分がくびれて倒伏する
- 軽症個体を移植すると、5月下旬以降に根くびれ症や根腐症状を呈して枯死することがある

多発しやすい条件

- 多湿な条件下で多発しやすい

（池田）

対策

- 無病の育苗土を用いる
- 薬剤で消毒した種子を用いる
- 育苗時に薬剤の覆土処理またはかん注処理を行う

育苗中の立ち枯れ症状（清水原図）

発病の様子

- 初めは葉に直径2〜4mmの円形病斑が現れる。病斑の中心部は淡褐色、周囲は濃褐色。次第に葉全面に広がり、多発すると葉は枯死する
- 発病が激しいときには、再生した新葉にも多数の病斑が生じる
- 湿度が高いときには、病斑上に胞子が密生して灰白色粉状を呈する
- 時には、葉柄に細長い褐色〜濃褐色の病斑を形成する

多発しやすい条件

- 7〜8月の高温・多湿
- 連作圃や前年のてん菜栽培圃場隣接圃

似た病害との見分け方

- 蛇の目病（P.108）：1個の病斑が大きく、直径10〜20mmに達し、同心円状
- 斑点病（P.109）：1個の病斑はやや大型で、直径10mmに達する
- ステンフィリウム斑点病（P.110）：1個の病斑が小さく、直径は約1mm　　　　　　　　（池谷）

初期病斑
（池谷美奈子原図）

葉が多数枯死した株（池谷聡原図）

病害編／てん菜

発病株（池谷聡原図）

多発圃場（池谷聡原図）

てん菜　蛇の目病

病　原	かび
発病部位	葉、根
発病時期	6月下旬〜収穫期

発病の様子

- 初めは下葉に褐色の小斑点が現れ、次第に拡大して直径10〜20mmの同心円状病斑となり、表面に黒色の柄子殻を形成する
- 病斑は裂けることがあり、中心部は淡褐色を呈する
- 汚染種子から感染した苗を移植すると、6〜7月に冠部が侵され、黒褐色に腐敗することがある（根くびれ症状）

多発しやすい条件

- 多湿条件
- 連作などにより被害茎葉がてん菜圃場にある場合

（池谷）

対策

- 輪作を行い、菌密度の低減に努める
- 健全種子を用いる

葉の病斑（阿部原図）

根くびれ症状（阿部原図）

てん菜 斑点病

発病の様子

- 下葉に褐斑病に似た病斑がかなり早い時期から形成される
- 病斑は褐斑病よりやや大型で、直径10mmに達するものもある
- 病斑は淡褐色を呈し、分生子を形成すると中央部が白色となる

対策

- 連作を避ける
- 茎葉散布を行う

多発しやすい条件

- 一般に冷涼地帯で発生が多い
- 少肥栽培のときに発生が多くなる
- 罹病葉（りびょう）が伝染源となるので連作すると多発する

（池谷）

病徴（阿部原図）

てん菜 ステンフィリウム斑点病

病　原	かび
発病部位	葉、葉柄
発病時期	7月下旬〜

発病の様子

- 個々の病斑は、周囲が濃い褐色の直径約1mmの円形小斑点である
- この病斑は後に融合して不整形の大型病斑となる

多発しやすい条件

- 夏季が高温のとき
- ニンニク葉枯病の発生している圃場に隣接しているてん菜に発生しやすい

（池谷）

対策

- てん菜とにんにくが隣接している場合には、ニンニク葉枯病の発生に注意する

葉の病徴（阿部原図）

てん菜　葉腐病

発病の様子

- 根腐病発病株の葉柄表面などに形成された担子胞子が一次伝染源となる
- 担子胞子は夜に飛散し、中位葉や新葉に径1mm程度の円形、退緑病斑を形成する
- 一次病斑から伸びた菌糸の感染により、周辺に二次病斑が形成され、それらが融合すると大型病斑となり、主脈が侵されると葉はそこから折れ、先端部は枯死する

多発しやすい条件

- 7〜8月の高温・多湿
- 窒素の多施用　　　　　　　　　　　　（清水）

対策

- 適正な窒素施用
- 薬剤防除を行う。考え方としては、一次伝染源形成場所となる根腐病の防除のための株元散布と、一次感染とまん延防止のための茎葉散布がある

大型病斑（清水原図）

発生状況（清水原図）

てん菜 根腐病

病　原	かび
発病部位	葉柄、主根
発病時期	6月下旬～9月上旬

発病の様子

- 初めは葉柄基部の接地面に黒褐色の病斑が形成される。後に株全体の葉柄に病斑が拡大し、葉がしおれて倒伏し、枯凋（こちょう）する
- 根部は葉柄に接続している根冠部から感染・発病することが多く、次第に地下部に広がる。この病斑部は黒褐色の乾腐症状を呈し、表面から亀裂を生じて腐敗する
- 早期発病株を中心にスポット状に発生し、畝方向にまん延することが多い

多発しやすい条件

- 連作は土壌中の菌密度を高める
- 夏季の高温・多湿で発病が助長される
- 中耕などで葉柄基部が土と接触すると感染リスクが高まる

（清水）

発病初期の葉柄基部腐敗（池田原図）

対策

- 連作を避け、適正な輪作を行う
- 多発しやすい圃場では、抵抗性品種を選択する
- 育苗土は無病の土を用いる
- 中耕に際しては、培土を行ったような状態にならないようにする
- 薬剤防除を行う。施用方法には、殺菌剤の苗床かん注や株元散布がある

地上部の枯凋（清水原図）

主根の亀裂と腐敗（清水原図）

てん菜　黒根病

発病の様子

- 6月下旬から7月に主根部に黒褐色～黒色で湿潤状の病斑が形成される
- 同一病原菌による主根表面の粗皮症状も発生する
- 本病発生の好適条件下では、主根の内部腐敗が進行し、地上部では葉の黄化や萎凋症状が認められる

多発しやすい条件

- 夏季の高温・多雨
- 畑の透排水性不良　　　　　　　　　　　　　（清水）

対策

- 連作を避け、適正な輪作を行う
- 水田転換畑など排水不良地では、排水を良くする。また高畝栽培は発病回避に効果がある
- 本病に強い品種を作付けする
- 基肥の増肥や追肥を避け、施肥基準を守る
- 殺菌剤の苗床かん注を行う

収穫時の根部症状（清水原図）

トマト

モザイク病

病 原	ウイルス
発病部位	葉、茎、果実
発病時期	全生育期

発病の様子

- 葉のモザイク、株の萎縮、果実でのモザイクなどを引き起こし、果実の肥大不良や着果数の減少などにより、大きく減収する

多発しやすい条件

- タバコモザイクウイルス（TMV）やトマトモザイクウイルス（ToMV）は発病株を放置した場合、管理作業によりまん延しやすく、土壌中に残った根からも伝染するため、連作すると発生しやすい
- キュウリモザイクウイルス（CMV）ではアブラムシが多いと、本病の発生が多くなる　　　　　（山名）

対策

- 発生ハウスでは、連作しない
- ToMV抵抗性品種や弱毒ウイルスを利用する
- 作業前後には石けんで手指をよく洗い、はさみなどの道具も消毒する
- 乾熱処理済みの健全種子を使う
- 発病株は早めに抜き取り処分する

葉の症状（萩田原図）

ミニトマト果実のモザイク症状（山名原図）

トマト 条斑病

病　原	ウイルス
発病部位	葉、茎、果実
発病時期	全生育期

発病の様子

- 葉では黒褐色のえそ斑、茎には黒褐色のすじ状のえそを生じる
- 果実には淡〜黒褐色の不整形斑紋を生じる
- 病原はキュウリモザイクウイルス（CMV）やタバコモザイクウイルス（TMV）、ジャガイモXウイルス（PVX）である

対策

- 発生ハウスでは連作を避ける
- 作業前後には石けんで手指をよく洗い、はさみなどの道具も消毒する
- 乾熱処理による消毒済みの健全種子を使う
- 発病株は早めに抜き取り処分する

多発しやすい条件

- TMVやPVXは接触伝染力が強いため、発病株を放置した場合、管理作業によりまん延する
- TMVは土壌中に残った根などからも伝染するため、発生ハウスで連作すると次作でも発生しやすい
- CMVでは、アブラムシが多いと発生しやすい

（山名）

茎葉での病徴（萩田原図）

果実でのえそ（萩田原図）

トマト

黄化えそ病

病　原	ウイルス
発病部位	葉、茎、果実
発病時期	全生育期

発病の様子

- 葉に褐色のえそ斑点や輪紋を生じる
- 茎や葉柄にえそ条斑を生じ、生育抑制や萎凋（いちょう）・枯死を引き起こすことがある
- 果実ではえそ斑を生じるほか、奇形を引き起こす

多発しやすい条件

- ウイルスを運ぶアザミウマが多発すると発生しやすい
（山名）

対策

- ウイルスの越冬伝染源としてノゲシやオニタビラコなどの周辺雑草が知られているため、これらを除去する
- アザミウマの防除を実施する
- 汁液伝染で管理作業中に発生を拡大させることがあるので、発病株はあらかじめ除去する

葉の症状（三澤原図）

葉のえそ症状（三澤原図）

葉の輪紋症状（三澤原図）

トマト 青枯病

病　原	細菌
発病部位	株全体
発病時期	6月下旬〜

発病の様子

- 初めは日中に株の先端がしおれ、朝夕や曇雨天には回復する
- やがて株全体が急激に萎凋（いちょう）し、青枯れ症状となる
- 発病株の株元の維管束は褐変し、切り口を水に付けると白濁した液（菌泥）が出る

多発しやすい条件

- 夏季が高温の年
- 土壌水分過多は発病を助長する
- 発病株を触ったはさみでの摘芽・整枝作業で発生が拡大する　　　　　　　　　　　（野津）

対策

- 土壌消毒を実施する
- 抵抗性台木を利用する
- 発病株は見つけ次第除去する

急激にしおれた株(野津原図)

トマト

茎えそ細菌病

病　原	細菌
発病部位	茎、葉柄
発病時期	6月〜

発病の様子

- 主茎や葉柄基部の表皮に黒褐色不整形の病斑を生じる
- 健全部分との境界ははっきりしており、少しくぼむ
- 維管束部分が壊死し、髄部も黒く変色、空洞化する
- 病勢が進むと、主茎に多数の不定根が発生する
- 葉や果実には病徴を示さない

多発しやすい条件

- 低温・多湿で経過した場合
- 芽かき作業によって伝染する　　　　　（野津）

対策

- 発病株は速やかに抜き取る
- ハウス内が多湿にならないように管理する

髄部の褐変（宮島原図）

茎のえそ症状と不定根の発生
（宮島原図）

トマト　灰色かび病

病　原	かび
発病部位	葉、茎、果実
発病時期	5月上旬〜

発病の様子

- 葉では褐色の円形病斑をつくり、湿度が高いと病斑に灰色のかびを生じることが多い
- 葉先枯れや摘芽部分から感染しやすい
- 幼果では、水浸状で暗褐色の病斑から次第に拡大して、果実を軟化腐敗させる
- 果実に1〜2mmの白色円形の小斑点（ゴーストスポット）が見られることがある

多発しやすい条件

- 気温20℃前後で換気不良のハウス
- 咲き終わった花弁や枯死葉の除去が不十分な場合
- 同じ系統の薬剤を連用すると耐性菌が出現して防除効果が得られず、多発する恐れがある

（野津）

葉の病徴（野津原図）

対策

- ハウス内の換気を良くする
- 発病果や葉、枯死葉を除去する
- 発病初期から異なる系統の薬剤を輪番で散布する

果実の病徴（野津原図）

ゴーストスポット（野津原図）

トマト 葉かび病

病　原	かび
発病部位	葉
発病時期	着果期〜

発病の様子

- 葉の表面に輪郭のはっきりしない淡黄色の斑点を生じ、葉裏には灰黄〜緑褐色でビロード状のかびを生じる
- 病斑が拡大すると、葉の表面にもかびを生じるようになる
- 発病は着果負担がかかるころに中〜下位葉から始まり、次第に全葉にまん延して葉枯れを起こす

多発しやすい条件

- 多湿条件下で発生が多い

対策

- 抵抗性品種を利用する
- 過度のかん水や密植を避け、換気を良くする
- 発生初期から薬剤散布を実施する

（野津）

葉裏に生じた斑点とかび（野津原図）

葉表の症状（野津原図）

トマト

萎凋病 (いちょう)

病 原	かび
発病部位	株全体
発病時期	7月上旬〜

発病の様子

- 下位葉から萎凋・黄化し、次第に上位葉も黄化する
- 病勢が進むと株全体がしおれ、やがて枯死する
- 発病株の茎を切断すると、維管束部分が褐変しており、激発株では成長点近くまで維管束褐変が見られることもある

多発しやすい条件

- 連作で多発しやすい
- 高温・乾燥で経過すると発生しやすい

（西脇）

対策

- 土壌消毒（薬剤による消毒、土壌還元消毒）を実施する
- 抵抗性品種（栽培品種や台木品種）を利用する
- 連作を回避する

発病株（田村原図）

維管束褐変
（西脇原図）

病害編／トマト

トマト ｜ 半身萎凋病

病　原	かび
発病部位	株全体
発病時期	定植後1カ月ごろ～

発病の様子

- 初めは下葉の小葉が部分的にしおれ、葉縁が上向きに巻いてくる
- その後、小葉は葉縁から葉脈に沿って黄白色になる
- 次第に下位葉の枯死が目立ち、草丈の伸長、着果、果実肥大が著しく不良となる
- 発病株の茎を切断すると、不鮮明ではあるが、維管束部分の褐変が認められる
- 萎凋病に比べて、病勢の進展は緩慢である

対策

- 土壌消毒（薬剤による消毒、土壌還元消毒）を実施する
- 抵抗性品種（栽培品種や台木品種）を利用する
- 連作を回避する

多発しやすい条件

- 連作で発生しやすい
- 湿潤な土地で発生しやすい
- やや冷涼な気象で発生しやすい　　　　　　　（西脇）

発病株（角野原図）

トマト 褐色根腐病

病原	かび
発病部位	根、株全体
発病時期	着果期以降〜

発病の様子

- 地上部は草勢が悪くなり、晴天の日は上位葉がしおれる
- 黄化や激しい萎凋（いちょう）は見られない
- 根は褐変腐敗し、細根や支根の一部が脱落して太い支根や直根だけになって根量が減り、果実は小玉化する
- 発病根は表面がコルク化し、松の根のような外観となる

多発しやすい条件

- 連作で発病が多くなる
- 生育初期に地温が低いと被害が大きい

（西脇）

対策

- 連作を回避する
- 土壌消毒（薬剤による消毒、土壌還元消毒など）を実施する
- 抵抗性台木を利用する
- 低温期の定植を避ける
- 定植10日前までに、ふすま（250〜500kg/10a）を施用する（高温時の施用は避ける）
- 冬季はハウス被覆資材を除去する

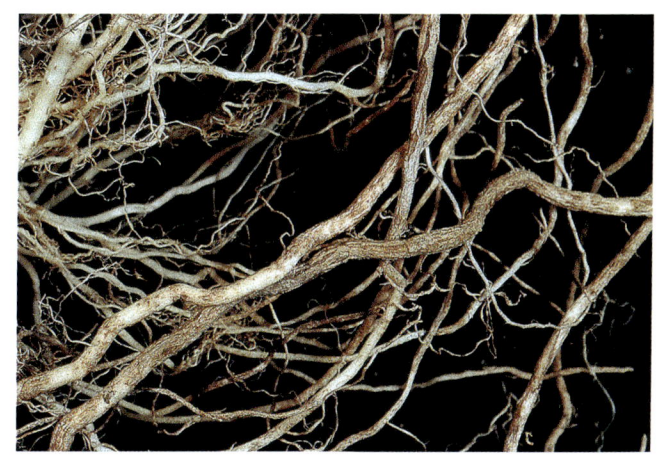

松の根状の発病根（角野原図）

トマト　かいよう病

病　　原	細菌
発病部位	全身
発病時期	全生育期

発病の様子

- 葉に灰褐色のまだら模様が出現し、やがて枯れ上がる（葉が汚く枯れる）
- ハウス内では、わき芽かきで伝搬するため、特定の部位から症状が現れることがある（2次伝染）
- 枯れ上がりがひどくなると、茎の内部がぼろぼろになる

多発しやすい条件

- 汚染種子の使用
- 発生圃場での連作　　　　　　　　　　　（小松）

(対策)

- 健全な種子・培土を使用する
- 発生圃場では土壌消毒を行う。なお本病に対する土壌還元消毒の効果は確認されていない
- 発病株はできるだけ早く抜き取り、ハウス内での拡大を防止する

かいよう病により枯れ上がったトマト（小松原図）

発病した葉（小松原図）

すすかび病

病　原	かび
発病部位	主に葉
発病時期	全生育期

発病の様子

- 初めは葉に輪郭のはっきりしない淡黄色の病斑を生じ、やがて灰褐色〜灰黒色でビロード状のかびを密生する
- 常発ハウスでは、定植後早い時期から発生が見られる
- 発生は下葉から認められ、上位葉に伸展する
- 葉かび病（P.122）と混発する場合もあるが、肉眼で両者を区別することは難しい

多発しやすい条件

- 多湿条件で発病しやすい
- 病原菌は比較的高温を好む

（白井）

対策

- 発生ハウスでは薬剤の予防散布を行う
- ハウス内の換気を良くする
- 罹病残さは処分する

多発の株
（白井原図）

病斑上に密生する
ビロード状のかび
（白井原図）

トマト

うどんこ病

病　　原	かび
発病部位	主に葉
発病時期	夏〜秋

発病の様子

- 葉に白色粉状の分生子が密生する
- 発病が進むと、葉が黄化し、被害部分は褐色になる
- 多発すると、葉柄、茎、果柄にも発生する

多発しやすい条件

- 施設栽培の乾燥条件下で発生が多い
- 分生子は20 〜 25℃で発芽しやすい

（白井）

対策

- 発病初期から薬剤散布を行う

発病株（安岡原図）

トマト　斑点病

病　原	かび
発病部位	葉、葉柄、茎、へた
発病時期	6月下旬〜

発病の様子

- 初めは中位葉に微小な斑点をわずかに生じ、やがて周囲が黒褐色、中心部が淡褐色の小斑点となる
- 病斑の中心部は破れて穴があくことがある
- 多発すると葉が枯死する

多発しやすい条件

- ミニトマトの「キャロル10」「ラブリー藍」といった斑点病に弱い品種で多発しやすい
- 大玉トマトでの多発事例はない
- 降雨などの多湿条件は発病を助長する

（白井）

対策

- 斑点病に強い品種を栽培する
- 斑点病に弱い品種を栽培する場合は、7月上旬から薬剤散布を行う
- ハウス内を多湿にしない栽培管理を行う

葉の病斑（白井原図）

へたの病斑（白井原図）

多発による葉の枯死
（白井原図）

きゅうり　モザイク病

病　原	ウイルス
発病部位	葉、果実
発病時期	全生育期

発病の様子

- 成長点付近の葉がモザイク症状となり、奇形・萎縮する
- 果実もモザイク症状や奇形になる

多発しやすい条件

- 周囲にツユクサ、ハコベ、イヌビユなどの越年生の保毒した雑草があり、媒介昆虫のアブラムシ類の発生が多いと多発する
- 接ぎ木、摘芯など刃物を用いた管理作業でも伝染する

（長濱）

対策

- 圃場周辺の雑草を取り除く
- シルバーポリの利用やハウスの開口部を防虫ネットで覆い、アブラムシの飛来を防止する
- アブラムシ類を防除する
- 発病株を抜き取る
- 刃物など管理用具を消毒して使う

葉のモザイク症状（萩田原図）

斑点細菌病

発病の様子

- 子葉では、円形で淡褐色のややへこんだ斑点を生じる
- 本葉では、初め水浸状の小さな斑点が多数でき、やがて黄褐色の葉脈に囲まれた角張った不整形の斑点になる。その後、灰白色になり、破れて穴があきやすくなる
- べと病に似るが、葉の裏にすす状のかびを生じない
- 果実では暗褐色のくぼんだ斑点やヤニを生じ、軟化腐敗する
- 多湿条件下では、乳白色の細菌の塊が見られる

多発しやすい条件

- 保菌種子を使用した場合、早期から発生する
- 多湿条件が続くいた場合
- 日照不足や多肥、過繁茂

（長濱）

対策

- 収穫後は、茎葉を圃場外に持ち出し処分する
- 多窒素栽培を避け、過湿にならないよう管理する
- 初発後直ちに薬剤散布する

葉の斑点（田中民夫原図）

きゅうり　つる割病

病　原	かび
発病部位	茎、根
発病時期	全生育期

発病の様子

- 株全体に生気がなくなり、日中はしおれる。初め朝夕は回復するが、やがて萎凋・枯死する
- 地際部が水浸状から褐変し、崩壊してぼろぼろになり、縦に割れて白～桃色のかびを生じたり、ヤニを出すこともある
- 地際部の茎を切断すると維管束が褐変している
- 根は淡褐色～褐色となる

似た病害との見分け方

- つる枯病も地上部がしおれるが、本病はつる枯病のように茎の発病部位表面に小さな黒い粒をつくらない

多発しやすい条件

- 保菌種子を播種した場合
- 連作は発生を助長する
- 自根栽培では発病が多い

（長濱）

対策

- 抵抗性台木を利用する
- 連作しない
- 太陽熱消毒を実施する

株のしおれ（三澤原図）

似た病害のキュウリつる枯病による株のしおれ（長濱原図）

きゅうり べと病

病　原	かび
発病部位	葉
発病時期	全生育期

発病の様子

- 初め淡黄色の小さな斑点ができ、葉脈に囲まれた黄褐色～褐色の角形の病斑になる
- 病勢が進むと葉全体が黄褐色となり、乾燥して破れやすくなり葉の縁から巻き上がる
- 湿度が高いときは、葉の裏側に暗灰色のビロード状のかびが見られる

対策

- 被害茎葉を処分する
- 発病初期から薬剤散布する
- 過繁茂を避け、換気する
- ハウス内全面にマルチを張る
- 適正な肥培管理で肥料切れにならないようにする

多発しやすい条件

- 雨の多い年は多発する
- 湿度が高く20～24℃で経過する時期

（長濱）

角形の病斑（長濱原図）

葉裏の暗灰色のかび（長濱原図）

きゅうり　灰色かび病

病　原	かび
発病部位	花、葉、茎、果実
発病時期	全生育期

発病の様子

- 果実では開花後の花弁から発病し、幼果に拡大する
- 葉では灰褐色の大型の病斑ができ、病斑部は破けやすい
- いずれも、発病部には灰褐色のかびを密生する

多発しやすい条件

- 20℃前後で湿度が高いとき
- 施設では晩秋に気温が下がり、施設内が過湿になると多発しやすい

（長濱）

対策

- 被害茎葉・果実を速やかに処分する
- 発病初期から異なる系統の薬剤を輪番で散布する
- 過繁茂にせず、ハウス内の換気を良くする

果実の発病（田中民夫原図）

きゅうり 黒星病

病原 かび
発病部位 葉、茎、果実
発病時期 主に春〜6月下旬

発病の様子

- 苗では本葉が展開して2〜3葉期の葉に発病する
- 葉では水浸状の小斑点ができ、褐色となり、拡大すると中心部は裂けやすく引きつれて奇形になる
- 茎では初め条斑を生じ、次第に亀裂ができ、ヤニを生じる
- 果実では暗緑色水浸状のくぼんだ病斑を生じ、ヤニを出し、病斑部から内側に湾曲する

多発しやすい条件

- 15〜17℃が発病に適しているので、春先の育苗中や定植後に冷涼な気温が続くと発生しやすい

（長濱）

対策

- 発病初期から薬剤を散布する
- 過繁茂を避け、ハウス内の換気に注意する
- 被害茎葉・果実は見つけ次第取り除く

葉の発病（田村原図）

きゅうり うどんこ病

病　原	かび
発病部位	葉、茎
発病時期	全生育期

発病の様子

- 一般に発病は下葉から上葉に広がる
- 葉は表だけでなく裏にも発生し、白色粉状のかびで覆われる
- 病勢が進行すると、葉全体が黄化し枯死する

多発しやすい条件

- 気温が 28℃前後でやや乾燥した条件で多発しやすい
- 窒素肥料の過多は発病を助長する

(長濱)

発病初期の葉（長濱原図）

対策

- 発病初期から葉裏にも薬液がかかるように十分量、異なる系統の薬剤を輪番で散布する
- 被害茎葉を処分する
- 抵抗性品種を利用する

白色粉状のかびに覆われた葉（長濱原図）

きゅうり　褐斑病

病　原	かび
発病部位	葉
発病時期	収穫期ごろ〜

発病の様子

- 中位葉に初発することが多く、その後上位葉に進展する
- 若い葉では、斑点細菌病に似た黄色いハローを伴った1〜2mmの黄褐色の小斑点を生じる
- 中〜下位葉では周囲が不鮮明な淡褐色の不整形斑点となる
- その後、病斑は大型化し淡褐色〜灰褐色の同心円状となり、中央部は破れやすくなる
- やがて葉全体が黄褐変して乾燥し、ハウス全体が枯れ上がる

対策

- 発病初期に病葉を除去してから異なる系統の薬剤を輪番で散布する
- 過繁茂を避け、ハウスの換気を心掛ける
- 排水を良くする
- 耐病性品種を利用する
- 被害茎葉を処分する

多発しやすい条件

- 高温・多湿のハウスで多発しやすい
- 草勢が衰えると多発しやすい
- 前年度発生したハウスでは病原菌が越冬しており、早期に発生する可能性が高い　　　　　（長濱）

多発したハウス（長濱原図）

葉の初期病斑（長濱原図）

不整形病斑（長濱原図）

すいか 菌核病

病　原	かび
発病部位	主に茎、果実
発病時期	5月下旬〜

発病の様子

- 開花後落下した花弁が付着した部分などから、淡褐色水浸状に腐敗する
- 腐敗した部分には、白色のかびが生じ、やがて褐色のヤニや、ネズミの糞状の黒い菌核（菌の塊）ができる
- 茎に病斑ができると、そこから上はしおれて枯れる
- 果実では大きさが直径 10cm ぐらいの幼果で発生が多く、花落ち部分から病斑が拡大する

多発しやすい条件

- 気温が 20℃前後の低温と多湿条件で発生しやすい
- 茎葉が繁茂し、うっぺいされると多発する

（西脇）

対策

- 茎葉に薬剤を散布する
- 太陽熱土壌消毒を実施する
- 罹病（りびょう）茎葉や果実は速やかに除去する

茎の病斑（角野原図）

すいか 半身萎凋病（いちょう）

病　原	かび
発病部位	株全体
発病時期	着果期〜

発病の様子

- 初め茎葉の生気がなくなり、葉の一部が退色する。また、日中高温時に急速にしおれ、夕方や夜間に回復する
- その後、しおれは回復しなくなり、退色部分から褐色に枯れ上がる
- 茎を切断すると、維管束部分が褐変している
- つる割病との区別は難しいが、本病の場合、同じ株の複数の子づるのうちの1本だけに発病することがある

多発しやすい条件

- 汚染圃場での連作により多発する
- 寄主範囲が広いため、輪作の中に別の寄主が栽培されると発生が拡大する

（西脇）

対策

- 土壌消毒を実施する
- 連作や寄主作物の栽培を回避する
- 健全土壌で育苗する
- 発病株は見つけ次第除去し、適正に処分する

発病株（堀田原図）

すいか 炭疽病（たんそびょう）

病原	かび
発病部位	葉、茎、果実
発病時期	6月中・下旬〜

発病の様子

- 葉では、初め油浸状の小斑点を生じ、拡大して暗褐色の円形〜星形の病斑となり、乾くと破けやすい
- 茎では、ややくぼんだ病斑が上下に進展し、発病したつるはやがて枯死する
- 果実では、初め油浸状の小斑点を生じ、やがて黒褐色のややへこんだ病斑となり、乾くと亀裂を生じる
- 出荷先で発病することもある

多発しやすい条件

- 降雨が多い場合
- 風通しの悪い圃場
- 過繁茂で発生しやすい

（西脇）

対策

- 収穫期まで果実をトンネル内に納めて雨よけ管理する
- 育苗期の防除およびトンネル除去直後または幼果期からの薬剤散布を実施する
- 発病株は見つけ次第速やかに抜き取り、圃場外で適正に処分する

茎葉の病徴（西脇原図）

果実の病徴（西脇原図）

メロン | えそ斑点病

病　原　ウイルス
発病部位　葉、つる、果実
発病時期　全生育期

発病の様子

- 葉縁部を中心に褐色で樹枝状の病斑が現れる
- 成長点の葉にえそ斑点が多数生じ、つるの伸長が停止する
- 果実に縦縞や不整形のえそ斑が現れる

多発しやすい条件

- 土壌伝染するので、発生履歴のある圃場で発生しやすい
- 半促成作型で発生する　　　　　　　　　　　　　（堀田）

対策

- 連作をしない
- 抵抗性台木を利用する

葉の樹枝状病斑（堀田原図）

成長点の葉に現れた病斑（堀田原図）

メロン モザイク病

病原	ウイルス
発病部位	株全体
発病時期	主に夏〜秋

発病の様子

- 道内で本症状を示す病原は、主にCMV（キュウリモザイクウイルス）である
- 上葉に黄色小斑を生じ、やがてモザイク症状となって萎縮する
- 葉脈にえそを生じ、立ち枯れる場合もある
- 果実では、緑色濃淡のモザイク、奇形、裂果、緑褐色のえそ斑を生じる

対策

- 発病株や、圃場周辺の雑草など伝染源を除去する
- アブラムシの薬剤防除を実施する
- 寒冷しゃなどの資材で媒介虫の飛来を防止する
- 管理用具を清潔に保つ

多発しやすい条件

- 発病株や、圃場周辺にウイルスを保毒した雑草がある場合
- ウイルスを媒介するアブラムシ類が多発する場合
- 発病株の管理作業をした同じ刃物などで、健全株も作業を続けた場合

（佐々木）

葉の病徴（萩田原図）

果実の病徴（萩田原図）

メロン　つる枯病

病　原	かび
発病部位	葉、つる、果実
発病時期	春〜秋

発病の様子

- 土壌中の病原菌がかん水時の跳ね返りなどで付着して感染する
- 茎では地際での発生が多い。油浸状の病斑が灰褐〜灰白色になってへこみ、ヤニが漏出したり、黒色の小粒点が密生してくる
- 葉では周縁が不明瞭な淡褐〜灰褐色の病斑が葉縁から広がり、葉脈に隔てられてくさび形になる
- 果実では水浸状の病斑を生じ、病斑中央は星状に裂ける

多発しやすい条件

- 長雨の後に晴天が続く
- 発病圃に連作した場合
- 保菌種子を播種した場合　　　　　　　　（美濃）

対策

- 薬剤を散布または株元塗布する
- 多湿を避け、風通しを良くする
- 無病苗を定植する

葉の症状
（角野原図）

地際の茎の症状（田村原図）

メロン　半身萎凋病（いちょう）

病　原	かび
発病部位	株全体
発病時期	果実肥大始め〜

発病の様子

- 土壌中の病原菌が根に感染して、道管が詰まる
- 茎葉の生気がなくなり、日中高温時にしおれ、夕方や夜間に回復することを繰り返す
- その後、しおれが回復しなくなり枯死する
- 茎の維管束が褐変している場合が多い
- メロンの他、すいか、きゅうり、なす、トマト、馬鈴しょ、いちごなどでも感染発病する
- つる割病のように葉に目立った症状を示すことは少なく、全体的にしおれることが多い

対策

- 連作しない。他寄主作物を輪作に入れない
- 無病苗を定植する
- 土壌消毒を行う
- 発病株は見つけ次第除去する

多発しやすい条件

- 発病圃（他寄主作物を含む）に作付けした場合
- 低温・多湿傾向が続いた場合

（美濃）

株の症状（田村原図）

メロン｜つる割病

病　原 かび
発病部位 株全体
発病時期 春〜秋

発病の様子

- 土壌中の病原菌が根に感染して道管が詰まる
- 症状は2種類に分けられる
  萎凋型：水の上がりが悪く、日中高温時にしおれ、地際から先端に向けて枯死する。根や地際の茎の維管束が褐変する
  黄化型：葉に光沢が現れ、葉脈が黄変する。次第に葉身も黄化し、茶褐色〜黒褐色となって枯れる。地際の茎に赤〜黒褐色粘質物が見られる

対策

- 連作しない
- 無病苗を定植する
- 抵抗性台木を利用する
- 土壌消毒を行う

多発しやすい条件

- 発病圃に作付けした場合
- 地温が比較的高温で土壌乾燥する場合
- 保菌種子を播種した場合　　　　　（美濃）

黄化型症状（田中民夫原図）

萎凋型症状（田村原図）

メロン うどんこ病

病　原	かび
発病部位	葉、つる、果実
発病時期	夏〜秋

発病の様子

- 葉、つる、まれに果実の表面に白色〜灰白色で円形のかびが発生する。葉では次第に病斑の数が増して、粉をまぶしたようになり、黄化して枯死する

多発しやすい条件

- 乾燥条件が続いた場合
- 雨の当たらない施設で栽培した場合
- 罹病残さが多く残っている場合

（美濃）

対策

- 発生初期から薬剤を散布する
- 抵抗性品種を利用する
- 無病苗を定植する

葉の症状（西脇原図）

メロン 果実汚斑細菌病

病　原	細菌
発病部位	葉、つる、果実
発病時期	全生育期

発病の様子

- 子葉に葉縁などから褐色病斑が現れる
- 成葉では葉縁から葉脈に沿って樹枝状病斑が形成されたり、葉脈に区切られた病斑となる
- 発病果実は内部が灰色に軟化腐敗し、表面に亀裂が生じる

対策

- 健全な種子を用いる
- 発生を認めたら、関係機関と協議の上、対策を講じる

多発しやすい条件

- 種子伝染するため、わずかな汚染種子から発生が拡大する
- 多かん水などで二次伝染し、感染が拡大する　　（堀田）

子葉の病斑（堀田原図）

葉の樹枝状病斑（堀田原図）

葉の葉脈に囲まれた病斑（堀田原図）

メロン

黒点根腐病

発病の様子

- 果実の肥大が始まるころから葉に生気がなくなり、日中にしおれるが、夜間や雨の日は回復する症状を繰り返す
- 症状が進むと葉がしおれ、株は枯れ上がる
- 細い根に黒色小粒のつぶつぶが見える
- 維管束の褐変や、ヤニの吹き出しは見られない

多発しやすい条件

- 高温期の栽培（抑制作型）で多く見られる
- 連作圃場で多発しやすい

(小松)

対策

- 半促成作型にする。それでも発生する場合は、クロルピクリンによる土壌消毒を行う
- 抑制作型では、地温が上がりにくいマルチ資材を利用することも有効である

発病した根
（小松原図）

黒点から子嚢（しのう）胞子が噴出
（小松原図）

メロン べと病

発病の様子

- 葉に黄色〜淡褐色の斑点ができ、拡大して不整形となり、融合して大型になる
- 激しく発病すると葉は枯死する

多発しやすい条件

- 多湿条件が続いた場合

（美濃）

対策

- 薬剤を散布する
- 施設では多湿にしない管理を心掛ける
- 無病苗を定植する
- 発病株は速やかに圃場外に搬出する

葉の症状（西脇原図）

かぼちゃ うどんこ病

病　原	かび
発病部位	葉、つる
発病時期	育苗中、6月下旬〜

発病の様子

- 葉の表面に、うどん粉を振り掛けたような白色粉状の病斑を生じる
- 拡大すると病斑が葉の全面を覆って真っ白になり、葉は枯れ上がる
- 発生が多いと病斑は葉裏、葉柄、茎にも生じる

多発しやすい条件

- 乾燥気味のとき、日当たりや風通しが悪い場合などに多発する
- 施肥が多い場合に多発する

（栢森）

対策

- 多肥、密植栽培を避ける
- ハウス栽培では換気を良くする
- 初発直後までに薬剤散布する

発生圃場（栢森原図）

発生初期の病斑（角野原図）

葉全面の病斑（栢森原図）

つるでの発病（三澤原図）

かぼちゃ　黒星病

病　原	かび
発病部位	葉、つる
発病時期	主に育苗中

発病の様子

- 初め円形で黄色の小斑点を生じ、次第に褐色病斑となる
- 病斑の周りに緑色が抜けた暈（かさ）（ハロー）を形成する
- 展開葉では縮んで引きつれることもある

多発しやすい条件

- 苗床で低温、多湿になると発生しやすい

（栢森）

対策

- 健全種子を用いる
- 施設では換気を良くし、苗の生育に影響を与えない範囲で温度を上げる

つるでの症状（宮島原図）

かぼちゃ 疫病

病　原	かび
発病部位	つる、果実
発病時期	6月中旬～9月中旬

発病の様子

- 初めつるに発病する
- 発病部より先端はしおれる
- 発病果実は白色のかびを密生し、軟化・腐敗する
- 外観健全な果実にも感染しており、収穫後にも発生する

多発しやすい条件

- 土壌伝染するため発病歴のある圃場でのみ常発する
- 降雨後、急激に発病が増加する

（三澤）

対策

- 連作をしない
- 発病初期から薬剤を葉柄基部に達する程度に十分量(200ℓ/10a)散布する
- 収穫後にキュアリングを行い、キュアリング中に発病した果実を除去後に出荷する

発病株のしおれ（三澤原図）

つるの発病（三澤原図）

発病果実（三澤原図）

かぼちゃ　つる枯病

病　原	かび
発病部位	主に果実
発病時期	貯蔵中

発病の様子

- 果実では側面に病斑が現れる
- 初め水浸状の黒色病斑が現れる
- 後に病斑は輪紋状に拡大し、灰白色綿毛状の菌糸で覆われる
- 病斑周辺には小黒点（分生子殻）が形成され、肉眼でも観察できる
- 茎葉での発生はまれである

多発しやすい条件

- 降雨直後に収穫すると、貯蔵中の発病が増加する傾向にある　　　　　　　　　　　　　　　（栢森）

対策

- 茎葉への薬剤散布。ただし、腐敗果軽減効果は不十分なので、併せて下記の対策を行う
- キュアリングなどの基本技術を適切に行う
- 貯蔵庫では10℃付近で管理する

発病果（栢森原図）

貯蔵中の発病（栢森原図）

かぼちゃ　黒斑病

病　原	かび
発病部位	葉
発病時期	7月ごろ〜

発病の様子

- 初め葉に淡黄色の小さな斑点を生じ、やがて黄色の暈（かさ）（ハロー）を伴う褐色の病斑となる
- 病勢が進むと病斑が融合し、葉身全体が枯死する
- 多発圃場では、葉が枯死するため、日焼け果の発生が助長される
- 細菌性病害と症状が類似し、肉眼での区別は難しい

（栢森）

対策

- 過去に発生した圃場では、薬剤による予防散布が有効である

初期病斑（新村原図）

発生圃場。株元から発病しやすい（栢森原図）

症状の進んだ株（新村原図）

かぼちゃ 果実斑点細菌病

病　原	細菌
発病部位	葉、茎、果実
発病時期	育苗期〜収穫期

発病の様子

- 土壌中の病原菌がかん水や降雨での跳ね返りによって茎葉に付着し、傷口や水孔から感染する
- 葉では周囲が黄色味を帯びた水浸状斑点が葉縁や葉身にでき、降雨などで進展すると淡褐〜灰褐色の不整形病斑となる。穴があいたり引きつれたりする
- 開花前の幼果に感染すると大型突起、開花後の果実に感染すると小型突起になる

対策

- 育苗期には罹病苗を廃棄または苗の発病葉を摘葉し、速やかに薬剤散布する
- ポリ鉢苗栽培の圃場では、1番果着蕾期ごろから薬剤散布する
- 直播栽培やセル苗栽培の圃場で1番果着蕾期前に発病を確認した場合は、その時点から薬剤散布する

多発しやすい条件

- 罹病苗（りびょう）を定植した場合
- 高温・多雨な天候
- 罹病茎葉をすき込んだ場合　　　　　（美濃）

苗の症状（新村原図）

葉の症状（新村原図）

突起果（新村原図）

ウイルス病

病　原	ウイルス
発病部位	株全体
発病時期	全生育期

発病の様子

- 本病は、主要な4種のウイルスの重複感染によって明瞭な発病が認められ、単独感染では、ほとんど病徴は認められない
- 2、3種のウイルスの重複感染により、葉、葉柄が小型化し、株がわい化する
- 感染するウイルスの種類が多いほど症状が激しくなり、すくみ症状の発生も多くなる

対策

- ウイルスフリー苗を使用し、株を更新する
- アブラムシ類防除として薬剤散布や寒冷しゃなどの被覆をする

多発しやすい条件

- ウイルスを保毒した株から採種した苗を使用する
- アブラムシの防除や飛来防止が不十分な場合に多発する

（佐々木）

全身病徴（後藤原図）

いちご　萎黄病

病　原	かび
発病部位	株全体
発病時期	7月〜(激しい場合は移植直後〜)

発病の様子

- 芯葉が黄緑色に退緑して小型化し、船型にねじれる
- やがて全体が萎縮し、生育不良となる
- 葉の小型化、萎縮を伴わずに急激に萎凋することもある
- 根冠部の維管束は褐変し、根は黒褐色に腐敗する

多発しやすい条件

- 土壌病害のため、連作によって発生が増加する
- 発病圃場産株の子株を使用すると、汚染圃場拡大につながる

（佐々木）

対策

- 無病の苗、無病の育苗床や培土を使用する
- 抵抗性の品種を利用する
- 発病の恐れがある圃場では、土壌消毒剤による土壌薫蒸や土壌還元消毒などを実施する

全身病徴（三澤原図）

いちご 灰色かび病

病　原	かび
発病部位	果実、花弁、葉、葉柄
発病時期	全生育期

病害編／いちご

発病の様子

- 果実では、初め水浸状で淡褐色の病斑が生じ、拡大して軟化腐敗し、灰色のかびが密生する
- 花弁が侵されると黄褐色になる
- 地際部に発生すると、発病部より先が枯死するため被害が大きい

多発しやすい条件

- 曇雨天が続き、ハウス内が多湿になるとまん延する
- 発病の適温は20℃前後で、果実は収穫期近くになると発病しやすい

（東岱）

果実での発病（東岱原図）

幼果での発病（東岱原図）

対策

- 過繁茂にならないよう、多肥、密植栽培しない
- ハウス内の換気を行い、多湿を避ける
- 見つけ次第、発病した果実や葉を除去する
- 開花前から薬剤を散布する

葉柄での発病（東岱原図）

いちご

萎凋病
（い ちょう）

病　原	かび
発病部位	株全体
発病時期	7月〜（激しい場合は春から生育停滞）

発病の様子

- 初め外葉の葉柄に紫褐色の長い条線を生じ、下葉から枯れ始め、やがて全身が萎凋する
- 果実が肥大するころに、急に青いまましおれることもある
- 発病葉の葉柄は、維管束が褐変していることが多い
- 萎黄病（P.158）のように芯葉が黄化したり、奇形化はしない

多発しやすい条件

- 土壌病害のため、連作によって発生が増加する
- 発病圃場産株の子株を使用すると、汚染圃場拡大につながる

（佐々木）

対策

- 無病の苗、無病の育苗床や培土を使用する
- 発病の恐れがある圃場では、土壌消毒を実施する

全身病徴（谷井原図）

うどんこ病

病　原	かび
発病部位	葉、果実、果梗(かこう)、葉柄
発病時期	全生育期

発病の様子

- 葉では、初め下葉に赤褐色の斑点を生じ、やがて新葉の裏面が白い粉をまぶしたような症状となる
- 進行すると小葉は上向きに巻いてスプーン状になる
- つぼみに発生すると花弁が紫赤色になり、果実が肥大しない
- 果実でも果面に白い粉を振り掛けたようになり、商品価値を失う

葉での発病(東岱原図)

多発しやすい条件

- 20℃前後、湿度80 〜 100%で最もまん延しやすい
- 草勢が衰えたときに多発し、被害が大きくなる

（東岱）

対策

- 育苗期から薬剤を散布する
- 定植後も発病前から薬剤を散布する
- 発病した果実を除去し、ハウス内に放置しない

果実での発病(東岱原図)

がくでの発病(東岱原図)

いちご 疫病

病原	かび
発病部位	根冠部
発病時期	定植1〜2カ月後、収穫期

発病の様子

- 定植年の秋と翌春の収穫期に株が萎凋（いちょう）、枯死する
- 軽症株は、わい化するのみで発病に気付かないことが多い
- 発病株の根冠部は外側から褐変する

多発しやすい条件

- 「きたえくぼ」「さがほのか」は、本病に対する抵抗性が弱く、発生しやすい
- 定植1カ月以内が高温・多雨で経過すると多発する

（三澤）

対策

- 無病の苗を使用する
- 土壌薫蒸処理または土壌還元消毒を実施する
- 定植後に薬剤をかん注する
- 「けんたろう」および「ゆきララ」は、本病に対して「きたえくぼ」より強い

枯死株（手前中央）
（三澤原図）

発病株の根冠部断面
（外側から褐変）（三澤原図）

いちご 炭疽病（たんそびょう）

病原	かび
発病部位	葉枯性：葉、葉柄、果実 萎凋性：株全体
発病時期	全生育期

発病の様子

- 葉枯れ性と萎凋性の2タイプが発生する
- 葉枯れ性は葉、葉柄、果実に黒褐色の不整形病斑を形成するが、株全体が枯れ上がるようなことはない
- 萎凋性は冠部が褐変・腐敗し、株全体が萎凋・枯死する

対策

- 無病苗を使用する
- 発病株は直ちに除去する
- 発病初期から薬剤を散布する

多発しやすい条件

- 汚染した苗の持ち込みが最も重要な伝染源とされる
- 高温・多湿で発生しやすい　　　　　（角野）

葉枯れ性の症状（安岡原図）

萎凋性の症状（三澤原図）

萎凋性の冠内部の腐敗（角野原図）

いちご

葉縁退緑病

病　原	細菌（BLO：細菌様微生物）
発病部位	葉、株全体
発病時期	全生育期

発病の様子

- 葉が著しく小葉化し、葉縁部が黄緑色の縁取りをしたように退緑する
- 健全に生育していたものが、突然中心葉に発病を認め、それ以降抽出する葉が全て本症状を呈して、株全体が生育不良となる
- 夏の高温時に発病が認められなくなり、生育が回復する場合がある

多発しやすい条件

- 道内では確認されていないが、海外では虫媒伝染することが知られている
- 発病株や無病徴で感染している株から得た苗を植え付けた場合
- 低温条件下で発病が目立つ

（角野）

対策

- 媒介虫が不明であるため、発病株を抜き取る以外に対策はない

株全体の症状（角野原図）

葉の小葉化と葉縁の退緑症状（角野原図）

モザイク病

病　原	ウイルス
発病部位	株全体
発病時期	全生育期

発病の様子

- 葉脈透過（葉脈の色が薄く透けるように見える）や、モザイク（不規則な葉色の濃淡）が生じる
- 黒色のえそ斑点や条斑を伴うことがある
- 生育初期から感染すると、株全体が萎縮したり奇形となるが、生育後期の感染では新葉に軽いモザイクが見られる程度である

対策

- シルバーポリフィルムなどを利用したマルチ栽培でアブラムシの飛来を抑える
- アブラムシの防除を実施する
- 周辺のアブラナ科野菜での発病株は伝染源となるため、見つけ次第抜き取る

多発しやすい条件

- 原因となるウイルスはいずれもアブラムシによって伝染するため、アブラムシの多発によって本病も多発しやすくなる
- 夏どり作型よりも秋どり作型の方が発生しやすい

（山名）

発病株（萩田原図）

葉の病徴（三澤原図）

だいこん 黒斑細菌病

病　原 細菌
発病部位 葉、葉柄、根
発病時期 生育初期〜

発病の様子

- 葉や葉柄に水浸状の小斑点を生じ、後に円形または多角形の淡褐色〜黒褐色病斑となる
- 根では、根頭部に灰色の斑点を生じ、次第に黒変して不整円形の病斑となり、時に黒褐色でしみ状の大型病斑となる
- 黒腐病や軟腐病のように、根内部の軟化や腐敗は生じない

多発しやすい条件

- 春と秋が温暖で多雨で経過した場合
- 前年の被害地やその隣接畑では発生が多い
- 風雨によりまん延する

（角野）

葉の症状（角野原図）

対策

- 薬剤を散布する

根の症状（左は健全）
（角野原図）

だいこん　軟腐病

病　原	細菌
発病部位	葉、葉柄、肥大根
発病時期	播種後3週間ごろ〜

発病の様子

- 生育初期では地際部が水浸状となり、葉柄は軟化・腐敗し、葉は黄化してしおれる
- 生育が進むと、肥大根の頭部が汚白色水浸状に腐敗し、葉柄は軟化・腐敗して垂れ下がる
- その後、軟化・腐敗は肥大根の下方に進展し、中心部から腐敗する
- 軟化・腐敗した部分は特有の悪臭を放つ

多発しやすい条件

- 低湿地で発生が多く、高温・多雨が発病を助長する
- 多肥で発病しやすい
- 害虫による食害痕や管理作業による傷が多いと感染しやすい
- 豪雨や台風で突発的に急増することがある

（西脇）

対策

- 播種後25 〜 30日までに1回目、その1週間後に2回目の茎葉散布を実施する
- 抵抗性品種を利用する
- 適正な施肥を実施する

発病株（西脇原図）

バーティシリウム黒点病

病　原	かび
発病部位	根部
発病時期	主に生育後期

発病の様子

- 茎葉や根の外観からは、ほぼ異常が認められない
- 肥大根を輪切りにすると、皮層下部分に黒点が輪状に配列される
- 発病が激しいと、黒点が中心部に放射状に進展する
- 軟腐病のように軟化・腐敗することはない。また、類似する萎黄病は茎葉の黄化やしおれがあり、根の黒点が褐色を帯びることで見分けられる

多発しやすい条件

- 汚染圃場での連作で多発する
- ジャガイモ半身萎凋病（P.95）発生圃場での栽培で発生しやすい

（西脇）

対策

- 汚染土壌を持ち込まない
- 土壌消毒を実施する
- 抵抗性品種を利用する
- 適期に収穫する

発病根の切断面（角野原図）

だいこん　萎黄病（いおう）

病　原	かび
発病部位	株全体
発病時期	生育初期〜

病害編／だいこん

発病の様子

- 生育初期に発病したものは、根の内部が黒褐変し、地上部はあまり黄化することなく立ち枯れる
- 生育中期以降に発病したものは、片側の葉が黄化し、次第に黄化した葉が増え、下部の病葉から枯れていく
- 肥大根は、外観正常であっても、輪切りにすると皮層下部に黒褐色点が輪状に配列される。発病が激しいと、黒褐色点が中心部に放射状に進展する
- 病株の根は柔軟性を失い折れやすい
- 片側に発病すると、肥大根が発病した側に湾曲する

発病株
（角野原図）

多発しやすい条件

- 高温・乾燥時に発生しやすい
- 連作圃場で発生しやすい　　　　　　　（西脇）

対策

- 抵抗性品種を利用する
- 連作を回避する

発病根内部
（角野原図）

はくさい 軟腐病

病　原	細菌
発病部位	葉
発病時期	主に夏

発病の様子

- 結球初期ごろから、地表に接した葉の付け根から発病することが多い
- 水浸状の病斑を生じ、地上部はしおれて次第に軟化、やがて株全体が腐敗する
- 発病株は悪臭を放つ

多発しやすい条件

- 高温・多雨条件で多発しやすい
- 多肥栽培すると多発しやすい
- 害虫の食痕や管理作業による傷が多いと多発する

（西脇）

対策

- 排水良好な圃場で栽培する
- 発病株は早期に抜き取る
- 害虫防除を徹底する
- 薬剤散布する

発病株（三澤原図）

はくさい べと病

病　原	かび
発病部位	葉
発病時期	春、秋

発病の様子

- 初め外葉の表面に淡黄色不整形の病斑を生じ、その裏に白色のかびが密生する
- 病斑は結球葉に広がり、ひどくなると外葉から枯れ上がる
- 葉の中肋の内部に褐色の汚斑を生じる「茎べと症状」が見られることがある

葉の病徴（三澤原図）

多発しやすい条件

- 比較的気温が低く、降雨の多い年
- 排水や通風不良の圃場やハウス
- 肥切れで発生が多くなる傾向にある

（野津）

対策

- 抵抗性品種を利用する
- ハウスを蒸し込ませないよう湿度管理する
- 発病初期から薬剤散布する

葉裏のかび（野津原図）

茎べと症状（三澤原図）

はくさい　根こぶ病

病　原	かび
発病部位	根
発病時期	夏〜秋

発病の様子

- 晴天時に地上部がしおれるようになる
- 根にこぶを生じる
- こぶはやがて腐敗し、株が容易に抜き取れるようになる

多発しやすい条件

- 発生圃場に連作すると発病株が増加する
- 土壌pHが低い圃場で発生しやすい
- 排水不良など、圃場が滞水すると、発病が急速にまん延する

（野津）

地上部のしおれ（三澤原図）

対策

- アブラナ科野菜の連作をしない
- 土壌pHを6.5以上とする
- 耐病性品種を作付けする
- 圃場の排水改善を行う
- 薬剤の定植前全面土壌混和処理などを実施する

根のこぶ症状（三澤原図）

黒斑病

病　原	かび
発病部位	葉
発病時期	春～秋

発病の様子

- 円形で淡褐色の乾いた輪紋病斑を生じ、古くなると破れやすくなる
- 発病葉で越年し、翌年の伝染源となる

多発しやすい条件

- 種子が感染していた場合
- 雨が多く、肥切れした場合に発病しやすい

（野津）

対策

- 発病初期から薬剤散布する

外葉の枯れが進んだ株(三澤原図)

はくさい　黄化モザイク病・モザイク病 えそモザイク病

病　原	ウイルス
発病部位	地上部全体
発病時期	黄化モザイク病：全生育期

モザイク病・えそモザイク病：主に夏～秋

発病の様子

- 黄化モザイク病：葉に明瞭な黄化や黄白色のモザイク症状および奇形を示す
- モザイク病：葉の一部または全体がちりめん状に縮む
- えそモザイク病：葉脈に黒褐色のえそ条斑や葉脈間に無数のえそ斑点を生じる

多発しやすい条件

- 黄化モザイク病：汚染種子の使用
- モザイク病・えそモザイク病：ウイルスを媒介するアブラムシの多発　　　　　　　　（佐々木）

対策

- 発病株は速やかに抜き取る
黄化モザイク病
- 無病種子を使用する
モザイク病・えそモザイク病
- アブラムシを薬剤散布で防除する
- 周辺雑草を除去する

黄化モザイク病の発生圃場（乙部原図）

黄化モザイク病の全身病徴（乙部原図）

キャベツ 黒腐病

病　原	細菌
発病部位	葉、茎、根
発病時期	全生育期

発病の様子

- 発芽直後の幼苗の子葉頂部のへこんだ部分が黒変し、やがて子葉が枯れ上がる
- 定植後、下葉の葉縁部から葉脈を中心として黄褐色の病斑がV字に広がり、やがて葉脈部分は褐色〜紫黒色に変わる
- 病斑部は古くなると枯死し、破れやすくなる
- 外葉から内葉へと病斑は進展し、激しく発病すると茎や根も侵され、黒色に腐敗する

多発しやすい条件

- 汚染種子を使用すると多発しやすい
- 多雨で経過すると発生しやすい
- 害虫による食害痕や台風などによる傷が葉に生じると多発する
- 罹病残さのすき込まれた圃場では発生しやすい

（西脇）

対策

- 種子消毒（温湯処理や乾熱消毒など）する
- 予防的な薬剤散布および害虫防除を徹底する
- 連作を回避する
- 耐病性品種を利用する

発病株（角野原図）

キャベツ　根こぶ病

病　原	かび
発病部位	根
発病時期	7月〜

発病の様子
- 初め晴天の日の日中に地上部がしおれ、夜間回復する
- 次第に葉が淡く黄化し、生育不良となり萎凋（いちょう）する
- 根には大小のこぶが形成されている

多発しやすい条件
- アブラナ科作物の連作圃場では被害が大きい
- 排水不良の圃場や土壌ｐＨの低い圃場で発生しやすい

（西脇）

対策
- アブラナ科作物の連作を回避して長期輪作する
- 無病土で育苗する
- 排水改善や高畝栽培を実施する
- 土壌ｐＨを改善（pH6.5以上）する
- 耐病性品種を利用する
- 病根が腐敗する前に抜き取り処分する
- 薬剤の定植前全面土壌混和を実施する

発病した株の根（谷井原図）

キャベツ　軟腐病

病　原	細菌
発病部位	葉、茎
発病時期	7月〜

発病の様子

- 一般に結球以降に発生する
- 結球頭部あるいは地際部が侵されて、軟化腐敗し、悪臭を放つ
- 外見が健全でも、内部の葉や茎が侵されていることがある
- 収穫後に腐敗することもある

対策

- 結球初期からの薬剤散布および害虫防除を徹底する
- 連作を回避する
- 排水改善を実施する

多発しやすい条件

- 高温・多湿で経過すると多発しやすい
- 害虫の食害痕や傷などから感染するため、傷の多い株では発生しやすい
- 発病株の放置により、雨などによって周囲の株に病原菌が飛散し、発生が拡大する

（西脇）

外葉での発病（西脇原図）

結球部での発病（西脇原図）

キャベツ 黒すす病

病　原	かび
発病部位	胚軸、子葉、本葉
発病時期	主に育苗期

発病の様子

- 育苗中の苗の胚軸に黒褐色の亀裂褐変症状やくびれを生じ、後に生育不良や立ち枯れとなる
- 子葉、本葉に黒色の斑点を生じる
- 本圃でも生育後半の葉に円形病斑を生じることがあるが、北海道では目立った被害とはなっていない

対策

- 多湿にしない育苗管理を行う
- 薬剤の苗床かん注処理を行う

多発しやすい条件

- 育苗中の多湿条件が発病を助長する
- 保菌率の高い種子の使用で発病が多くなる　　　（白井）

子葉の斑点
（美濃原図）

胚軸の亀裂褐変症状（白井原図）

胚軸のくびれ症状（白井原図）

軟腐病

病　原	細菌
発病部位	主に茎、葉
発病時期	7月下旬～8月

発病の様子

- 初め地面に付いた下葉が軟化腐敗あるいは黄化し、やがて葉柄を伝って茎に伸展する
- 茎の症状は青みを帯びた水浸状の病斑が表面に現れたり、髄部が激しく軟化し、空洞となって萎凋枯死する場合がある

多発しやすい条件

- 気象が高温・多湿条件で発生が多い
- 多肥栽培を行うと発病を助長する
- 虫害による食害痕や管理作業による傷が多いと発生しやすい

(森)

対策

- 排水の良好な圃場に作付けする
- 標準施肥を順守する
- 予防的に茎葉散布を実施する

発病個体(堀田原図)

ブロッコリー　花蕾腐敗病 _{（からい）}

病　　原	細菌
発病部位	花蕾
発病時期	7月下旬〜9月

発病の様子

- 発病初期は花蕾の一部に濃緑色で水浸状の病斑が形成される
- 発病に好適な条件が続くと、2日程度で花蕾全体に拡大し、激しく腐敗するとともに花蕾が消失する場合もある
- 病斑部は異臭を伴う

多発しやすい条件

- 降水量が多い、最低気温（夜温）が高い、昼夜の温度差が少ないなどの気象条件が続くと多発する
- 排水の悪い圃場や多肥栽培では発生が多い

（森）

対策

- 多肥栽培を避ける
- 感受性の低い品種を導入する
- 排水対策を行う
- 花蕾形成始め前後に薬剤を散布する
- カルシウム資材の土壌施用または葉面散布により花蕾のカルシウム濃度を高める肥培管理をする

花蕾の病徴（堀田原図）

黒すす病

病　原	かび（からい）
発病部位	葉、花蕾
発病時期	7月下旬〜9月

発病の様子

- 葉には、直径1〜2mmの褐色小斑点および直径5〜20mmの褐色輪紋病斑を形成し、やがて病斑中央部が脱落して穴があく
- 花蕾には、直径1mm程度の黒色小斑点が多数形成し、まだら状に黒変する

多発しやすい条件

- 晩春まき（7月下旬収穫）以降の作型で、発生が増加する傾向にある

（森）

葉の病斑
（三澤原図）

（対策）

- 現在のところ登録薬剤はなく、その他有効な対策は明らかではない

花蕾での症状
（三澤原図）

こまつな 白斑病

病　　原	かび
発病部位	葉
発病時期	春、秋の収穫期

発病の様子

- 葉に白色の斑点を生じる
- 古い病斑では雑菌に侵され、黒く見えることもある

多発しやすい条件

- 夏季の栽培に比較して、春季、秋季は低温により栽培期間が長引くため発生が目立つ

（栢森）

対策

- 登録薬剤がないため、早期発見を心掛け、発病株は放置せず、圃場外に搬出する

輪紋症状の大型病斑（栢森原図）

発病株（栢森原図）

かぶ 根腐病

発病の様子

- 収穫期ごろに根部に亀裂が生じ、その周辺が褐変する
- 根部の内部が軟化腐敗する
- 重症株では葉が外葉から黄化、萎凋（いちょう）する

多発しやすい条件

- 連作や高温・多湿条件で発病しやすい
- 未分解の有機物（堆肥も）を投入すると、菌の増殖に好適条件となる （堀田）

対策

- 連作をしない
- 未分解の有機物や未熟な堆肥の施用を避ける

葉の黄化・萎凋
（三澤原図）

根部の病斑
（三澤原図）

白さび病

病　原	かび
発病部位	葉
発病時期	６月〜

発病の様子

- 初め葉に黄色の斑点が生じる
- 黄色病斑の葉裏に乳白色の斑点が生じるようになる
- 発病が進むと、白色の斑点が葉裏全体に散見される

多発しやすい条件

- ６〜８月まき作型での発生が多い
- 低温で多湿条件になると発生しやすい

（堀田）

対策

- 耐病性品種を作付ける

葉の病斑（三澤原図）

根こぶ病

病　原	かび
発病部位	根
発病時期	全生育期

発病の様子

- 根に大小のこぶが現れる
- 地上部は日中しおれて、夜間回復する

多発しやすい条件

- アブラナ科野菜の作付け過多
- 畑の排水性が悪い
- 酸性の土壌

（堀田）

対策

- アブラナ科野菜の連作をしない
- 土壌pHを6.5以上とする
- 耐病性品種を作付けする

白かぶ根部の病徴
（三澤原図）

赤かぶ根部の病徴（田村原図）

たまねぎ 軟腐病

病　原	細菌
発病部位	葉、りん茎
発病時期	6月下旬〜収穫期

発病の様子

- 初めはりん茎首部に水浸状の病斑が形成される
- 病斑は直ちに拡大して水気を帯び、べとべとになって組織全体が軟化腐敗し、特有の悪臭を放つ
- 生育が進むにつれ、株全体が軟化腐敗して消失する
- 生育後期に発病すると、鱗茎の中心部が軟化腐敗しドロドロに溶ける

多発しやすい条件

- 6月下旬〜7月下旬が高温、多雨、日照不足の場合
（池谷）

対策

- 除草などにより葉に傷を付けないようにする
- 圃場の排水を良くする
- 7月上旬〜8月下旬に薬剤を茎葉散布する

初期の病徴（堀田原図）

発病株（美濃原図）

枯死株（野津原図）

白斑葉枯病

発病の様子

- 本圃では、6月上旬ごろから下葉に白色〜淡黄色の小斑点を生じ、次第に上葉へ広がる
- 病斑は長円形で、表面にかびを形成することはない

多発しやすい条件

- 多雨や高湿度に経過した場合

似た病害との見分け方

- 小菌核病（P.192）との見分けは難しいが、白斑葉枯病の病斑は真っ白ではなく周囲がぼやけているのに対して、小菌核病の病斑は真っ白で輪郭が比較的くっきりしている
- 小菌核病では、薬剤散布前であれば、病葉の内側に白色綿状のかびが見られる

（池谷）

対策

- 薬剤の茎葉散布を実施する

初発病斑（池谷美奈子原図）

多発株（新村原図）

たまねぎ　乾腐病

病　原	かび
発病部位	茎盤、りん茎
発病時期	全生育期

発病の様子

- 苗床では低率ながら発生し、茎盤部に褐変が見られる
- 畑では5月下旬ごろから発生し、下葉の湾曲から黄化、萎凋（いちょう）へと症状が進む。6月下旬〜7月上旬になると、りん茎の側部が腐敗し株全体が一方に湾曲する「片腐れ症状」が見られる
- 生育後期には激しい萎凋症状を示し、茎盤部の腐敗による「尻腐れ症状」も発生する

多発しやすい条件

- 高温と小雨により乾燥状態で経過した場合
- 多肥栽培は発病を助長する　　　　　　　（藤根）

対策

- 堆肥や緑肥、休閑作物など有機物を施用する
- プラウ耕や心土破砕により、土壌の物理性を改善する
- 多肥栽培を避ける

片腐れ症状（藤根原図）

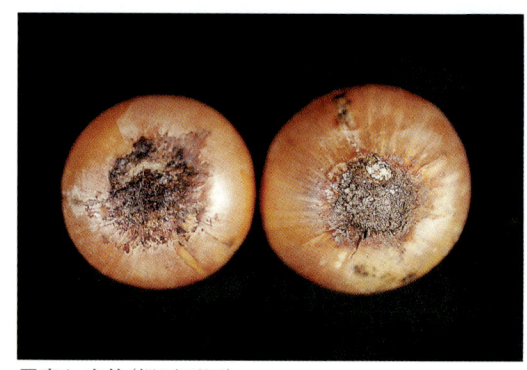

尻腐れ症状（児玉原図）

たまねぎ　りん片腐敗病

病　原	細菌
発病部位	葉、りん茎
発病時期	6月下旬～収穫期

発病の様子

- 初め葉鞘際(ようしょう)に水浸状の病斑を形成し、病斑が拡大すると葉は枯死する
- 軟腐病（P.186）のような組織の崩壊や悪臭はない
- さらに症状が進むと、発病葉につながっているりん片が黄褐色に腐敗する

多発しやすい条件

- たまねぎの感受性が高い、茎葉が繁茂し始めるころから倒伏期にかけて、雨が多いと多発しやすい

（佐々木）

対策

- 茎葉の発病を抑えるため、薬剤散布を実施する

葉の腐敗（佐々木原図）

りん茎の腐敗（佐々木原図）

たまねぎ ボトリチス貯蔵腐敗

発病の様子

- 立毛中に葉から感染し、貯蔵中にりん茎で発病する
- 主にりん茎首部の表面に灰色のかびを生じ、黒色で団塊状の菌核をつくる
- りん茎の内部は灰色〜茶褐色で水浸状に腐敗する

多発しやすい条件

- 多雨の年は発生が多い
- 根切りおよび収穫遅れは発生を助長する場合がある

（野津）

対策

- 立毛中（球肥大開始期）〜倒伏期に薬剤散布する
- 必ず適期に収穫する
- 収穫後は予備乾燥を十分に行う

発病球の外観（野津原図）

発病球の内部（野津原図）

紅色根腐病

病　原	かび
発病部位	根
発病時期	移植後

発病の様子

- 根が腐敗する。病原菌が産生する色素により、腐敗した根は紅変する
- 発病初期は根の表面が紅変する程度だが、腐敗が進むと根の内部組織は崩壊し、表皮のみがひも状に残ったように見える
- 多くの根が腐敗することで養分・水分の吸収が妨げられるため減収する。また、多発時には地上部が葉先から枯れ上がる

多発しやすい条件

- 連作圃場で発生しやすい

（山名）

紅変を伴う根の腐敗（山名原図）

紅変しひも状に残った根（山名原図）

対策

- 6月中の干ばつを抑えるためのかん水によって被害が軽減される
- 品種間差があるため、本病に強い品種を作付けする

多発時の地上部の枯れ上がり（山名原図）

たまねぎ 小菌核病

病　原	かび
発病部位	葉
発病時期	6月〜

発病の様子

- 初め中〜下位葉に小豆形の白色小斑点が生じる
- 一部の病斑は次第に拡大し、それに伴い病斑から葉の先端にかけて葉先枯れを起こすことがある
- 葉先枯れでは、病斑部から折れ曲がることが多い
- 病葉の内側には白色綿状のかびが見られ、やがて葉鞘（ようしょう）基部や枯死葉に直径1〜7mm程度の扁平（へんぺい）な菌核が生じる

多発しやすい条件

- 気温が15℃前後で多雨、多湿に経過した場合

（池谷）

斑点病斑（池谷美奈子原図）

対策

- 予防的に薬剤を茎葉散布する

葉先枯れ
（池谷美奈子原図）

病葉内側の菌糸
（池谷美奈子原図）

枯死葉に形成された菌核（池谷美奈子原図）

たまねぎ べと病

病　原 かび
発病部位 葉
発病時期 6月下旬〜

発病の様子

- 葉に暗緑色のビロード状のかびを生じる
- 初め、葉に色が抜けたような淡黄色の病斑が生じることもある
- 降雨後などに夜間が高湿度条件になると、翌朝には分生子を多量に形成する
- 発病が進み葉が枯死すると、二次的に他の病原菌や腐生菌が付着して黒褐色となる

多発しやすい条件

- 病原菌は低温・多湿条件を好む
- 周期的な降雨により多発しやすい

（白井）

対策

- 感染前から薬剤散布を行う

密生したビロード状のかび（白井原図）

淡黄色の初期病斑（白井原図）

小菌核病

病　原	かび
発病部位	葉
発病時期	6〜10月

発病の様子

- 初めは外葉中央部に小豆大、その後急速に拡大して縦長でクリーム色の病斑を形成し、病斑部より先端は枯死し下垂する
- 古い病斑上には黒色で扁平（へんぺい）な菌核を形成する
- 罹病葉（りびょう）の裏面（内側）には、肉眼で確認できるかび（菌糸）が密生する

多発しやすい条件

- 連作すると発生が多くなる
- 低温、多雨、寡照条件で多発する

（対策）

- 被害植物上に形成した菌核が伝染源となるため、被害葉は処分する
- 常発地では連作を避ける
- 本病に登録を有する薬剤はない

（三澤）

発病株（三澤原図）

古い病斑上に形成された菌核（三澤原図）

罹病葉裏面に形成されたかび（菌糸）（三澤原図）

小菌核腐敗病

病　原	かび
発病部位	葉鞘（ようしょう）
発病時期	土寄せ（ハウスでは遮光）後

発病の様子

- 病斑は主に地際～地下部に形成される
- 初めは葉鞘表面に淡褐色の斑点を生じ、次第に病斑部は腐敗し、外葉から枯れる
- 腐敗が進むと病斑中心部から亀裂が入り、時に亀裂部から内葉が突出する
- 葉鞘の表面には、2～5mmのごま粒状で暗褐色～黒色の菌核を形成する

多発しやすい条件

- 露地栽培で夏季～秋季の冷涼湿潤な年には多発する

（角野）

対策

- 連作を避け、完全な反転耕を行う
- 圃場の排水性の改善に努める
- 土寄せ後の平均気温が20℃以下になる作型では、土寄せ前に薬剤を散布する

葉鞘部の腐敗状況（角野原図）

病斑部に形成された菌核（角野原図）

ねぎ

根腐萎凋病（いちょう）

病　原	かび
発病部位	根
発病時期	6〜9月

発病の様子

- 主に施設栽培で発生し、軟白ねぎでは移植後3〜4週間で葉先枯れが認められ、生育が停滞する
- 根があめ色に腐敗し、簡単に引き抜けるが、萎凋病のような茎盤、葉鞘（ようしょう）の腐敗はない
- 出入り口付近や、地温が高く、乾燥しやすいハウス中央部での発病が目立つ
- 直接播種する葉ねぎでも認められ、温度が上がってから播種する作型では立ち枯れも起こす

対策

- 土壌ECの低下に努める
- 各種薬剤による土壌消毒、太陽熱消毒、還元消毒などの土壌消毒の効果が高い

多発しやすい条件

- 連作は発病を助長する
- 6月以降の施設内が高温になる条件で多発する
- 乾燥や塩類集積、未熟有機物の施用など根を傷める栽培条件で発生が増加する

（新村）

発生圃場（新村原図）

根の症状（新村原図）

ねぎ

萎凋病 （い ちょう）

発病の様子

- 収穫期近くの株の茎盤部、葉鞘基部が腐敗する
- 重症株では、葉の枯死、しおれを生じる
- 軽症株の地上部は、外観は健全であるため、収穫時の根切り作業で発生に気が付くことが多い

多発しやすい条件

- 高温で発生が多くなる
- 収穫遅れで被害が拡大する

（三澤）

対策

- 本病はねぎとたまねぎにのみ感染するため、両作物以外で輪作を行う
- 定植時に薬剤をかん注する
- 発病しづらい品種を選ぶ
- 適期収穫する

発生圃場（三澤原図）

腐敗した葉鞘基部
（三澤原図）

病害編／ねぎ

ねぎ 葉枯病

病　　原	かび
発病部位	葉
発病時期	9〜10月（黄色斑紋病斑）

発病の様子

- 出荷部位である中心葉に黄色の斑紋を形成し、外観品質が低下する
- 生育中期〜後期に葉先が枯れる症状は、おおむね葉枯病菌による症状である
- 葉身の中央部にも紡すい形の斑点を形成するが、単独感染では多発することはなく、べと病（P.201）発生後に多発する

対策

- べと病の防除を行うことで、葉身中央部の病斑（斑点病斑）の発生を抑えることができる
- 収穫3週間前からの薬剤散布により黄色斑紋病斑の発生を抑制できる
- 適期に収穫する

多発しやすい条件

- 15〜20℃、曇雨天で黄色斑紋病斑が多発する
- 多窒素栽培、低pH土壌、収穫遅れは発病を助長する
- 葉先枯れ(先枯病斑)は黄色斑紋病斑の伝染源となる（三澤）

中心葉の黄色斑紋病斑（三澤原図）

葉先枯れ(先枯れ病斑)（三澤原図）

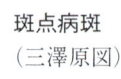
斑点病斑（三澤原図）

黒斑病

病　原	かび
発病部位	葉
発病時期	7～10月

発病の様子

- 葉に紡すい形の褐色または紫色の病斑を形成する
- 症状は葉枯病と酷似し、肉眼観察では識別できない
- 道内では葉枯病の発生が圧倒的に多く、本病の発生はまれである

多発しやすい条件

- 降雨や曇雨天で発生が多くなる
- 風による傷やアザミウマ（P.385）の食害痕は発病を助長する

（三澤）

対策

- ねぎの重要病害であるべと病（P.201）、さび病（P.200）、葉枯病（P.199）を対象に薬剤散布を実施すれば、発病が問題なることはない
- 発病が多い場合は登録薬剤を散布する

発病株（三澤原図）

さまざまな病斑（三澤原図）

ねぎ　さび病

病原　かび
発病部位　葉
発病時期　8〜10月

発病の様子

- 葉に小型でオレンジ色の隆起した病斑を形成する
- 多発すると外葉が枯死する

多発しやすい条件

- 9月以降の低温期に多発する

（三澤）

対策

- 発生する作型では薬剤を散布する
- 初発後の薬剤散布でも防除効果が得られる

葉の病斑（三澤原図）

多発株（三澤原図）

ねぎ　べと病

病　原	かび
発病部位	葉
発病時期	主に8月中旬〜

発病の様子

- 初めに葉の表面に淡黄色の楕円形病斑が形成され、徐々に拡大し、やがて黒褐色のかびが生じる
- 後に黄白色の病斑となり、やがて枯死する
- 本病により枯死した病斑に、二次的に葉枯病（P.198）が発生することが多い
- 道南地方では6月に発生することがある

多発しやすい条件

- 冷涼湿潤下で発生しやすい
- 川沿いや朝霧が発生しやすい地域は常発地となりやすい

（安岡）

対策

- 薬剤散布が有効であるが、発生後から実施しても効果が得られにくいので、予防散布を基本とする

病斑上のかび（安岡原図）

発病後期の葉の枯死（安岡原図）

ねぎ

黒腐菌核病

病　　原	かび
発病部位	葉鞘、茎盤、根
発病時期	地温が15℃以下になる低温期 （施設栽培で10月〜翌5月上旬）

発病の様子

- 本病は土壌中で感染し、土壌に接している部分が発病する。初め白色の菌糸がねぎの表面を覆い、やがて黒色球状の菌核に変化する
- 道内では、主に低温期に定植する作型の施設栽培で被害が確認されている
- 低温期に定植すると、定植1カ月程度から生育が遅れ、激しい場合は外葉から枯れ、株全体が枯死する
- 症状が軽いと生育への影響は小さいが、外葉から腐敗が認められ、品質が低下する
- 高温期に定植すると、地温が低下する栽培後半に発病する

多発しやすい条件

- 低温期の栽培で多発する
- 発病圃場での連作は発生を助長する

（新村）

対策

- 低温期は地温を上げるマルチを利用する
- 簡易軟白栽培では定植直後の薬剤かん注処理の効果が高い。次いで各種土壌消毒剤の他、還元消毒などの土壌消毒の効果も高い

葉枯れ症状（新村原図）

株元に付着した黒色球状菌核（長濱原図）

ねぎ

リゾクトニア葉鞘腐敗病

病　原	かび
発病部位	葉鞘
発病時期	7月上旬〜9月上旬

発病の様子

- 葉鞘部がクリーム色になり腐敗する
- 外葉は枯死するが、中心葉は発病しない
- 畝単位で発生することが多い
- 培土の5〜10日後に発生する

対策

- 培土時に薬剤を処理する

多発しやすい条件

- 平均気温20℃以上の時期に発生する
- 培土で土壌と接触した葉鞘が発病する　　　（三澤）

発生圃場（三澤原図）

発病株の外葉枯死症状（三澤原図）

腐敗した葉鞘部（三澤原図）

斑点病

病　原	かび
発病部位	葉、茎
発病時期	露地：6月〜
	ハウス：8月〜

発病の様子

- 葉や茎に紡すい形で赤褐色の小さな斑点が生じる
- 病斑が多数発生し、つながって大きくなるとその部分が枯れ上がる
- 立茎栽培や伏せ込み栽培では、若茎に斑点が生じる場合がある

多発しやすい条件

- 降雨が多いと発生しやすい
- 風通しの悪い圃場では発生が多い　　　　　（小松）

対策

- 発病初期から薬剤散布を行う
- 茎葉の刈り込みを行い、風通しを良くする
- 発病した茎葉は圃場外に持ち出して、適切に処分する
- ハウス栽培では、紫外線除去フィルムを用いると、被覆2年目まで発病抑制効果が期待できる

斑点病の初期病斑
（小松原図）

斑点病により黄化した茎葉（小松原図）

茎枯病

病　原	かび
発病部位	茎（葉にも発生するが分かりにくい）
発病時期	全生育期

発病の様子

- 茎に紡すい形で赤褐色の小さな斑点が生じる
- 病斑が大きくなると内部が灰白色となり、黒い粒々が形成される
- 病斑が茎を取り囲むと枯れ上がり、折れやすくなる

多発しやすい条件

- 降雨による土壌の跳ね上がりが多いと発生しやすい

（小松）

対策

- 前年の枯死茎葉を除去する、野良生えやひこ生えもできるだけ除去するなど圃場の清掃に努める
- 刈り株などを土壌、稲わら、マルチ資材などで被覆する
- 春芽収穫後から薬剤を散布する

地際部の発病により黄化した養成茎（小松原図）

発病が進行した養成茎（小松原図）

立枯病

病　原	かび
発病部位	茎、根
発病時期	全生育期

発病の様子

- 茎が黄化して枯れ上がる
- 引っ張ると容易に抜ける
- 株腐病のようにりん芽群が内部まで腐敗することは少ない

多発しやすい条件

- 高温で経過すると発生しやすい
- 強風などにより倒伏すると発生しやすい

（小松）

対策

- 発病株は見つけ次第抜き取り、圃場外へ持ち出す
- 倒伏防止を行う
- 株に負担をかけず、茎葉の病害は適切に防除し、茎葉の生育量を十分に確保する

発生圃場（角野原図）

アスパラガス 疫病

病 原	かび
発病部位	若茎、茎、根
発病時期	全生育期

地際部の病斑
（小松原図）

発病の様子

- 萌芽不良や改植後の若い株が枯れ上がる
- 若茎では曲がりや内部の腐敗が見られる
- 茎では、初め水浸状の病斑が形成され、後に病斑の縁は褐色となる
- 地下のりん芽群や貯蔵根は褐変、腐敗する

多発しやすい条件

- 降雨が多く、多湿条件で経過すると発生しやすい
- 滞水した圃場で発生しやすい

（小松）

対策

- 登録薬剤はあるものの、効果的な使用方法などは不明である
- 雨よけ処理は有効と考えられる

初期病斑（小松原図）

ごぼう

黒条病

病　原	かび
発病部位	葉脈、葉柄
発病時期	７月下旬〜

発病の様子

- 葉の葉脈や葉柄に淡褐色の病斑が見られる
- 病斑は葉脈に沿って拡大し、黒褐色〜黒色病斑が葉柄へ伸展する
- 風によって葉柄の病斑部から葉が折れる

多発しやすい条件

- 畝間が葉で覆われる時期から発病が始まり、低温・多雨で発生しやすい

(堀田)

対策

- 初発を確認し、速やかに薬剤防除を行う
- 連作の回避
- 早まきしない

初期病斑
（堀田原図）

葉から葉柄へ伸展した病斑
（堀田原図）

ごぼう

黒あざ病

病　原	かび
発病部位	根、株全体
発病時期	夏季〜

発病の様子

- 根部表面に暗褐色で円形〜楕円形の明瞭な斑点を生じ、次第に進展して黒褐色となる
- 時に10cm以上の大型病斑となり、根の全周を取り巻いて病斑部はくびれる
- 発病が激しいと葉柄基部が黒褐色に腐敗し、地上部は生育不良となる
- 多発圃場では株が枯凋し、坪枯れ状となる

地上部の症状（角野原図）

多発しやすい条件

- 連作や栽培回数が多い畑では多発する
- 前作にながいもなどを栽培した畑や、排水不良畑や酸性畑で発生しやすい　　　　（角野）

対策

- 連作を避ける
- 発病株は見つけ次第抜き取り、処分する
- 前作には根菜類の作付けは避ける

多発圃場での坪枯れ状況（角野原図）

根部の症状（田村原図）

レタス　軟腐病

病　原	細菌
発病部位	葉
発病時期	6月下旬～8月

発病の様子

- 初め外葉に水浸状の病斑ができる
- 後に急速に病斑が拡大して軟化腐敗する
- 激しく発病したときは、株全体が腐敗する
- 発病した株は悪臭を放つ

多発しやすい条件

- 高温・多湿条件で発生しやすい
- 管理作業や害虫による食害で傷が多くなると発病しやすい
- 水はけの悪い場所で発病しやすい　　　　（藤根）

対策

- 水はけを良くし、多湿にならないようにする
- ハウスやトンネル栽培では、十分に換気する
- 発病株は抜き取り処分する
- 害虫の防除を行う
- 発病初期から薬剤を散布する

発病株（三澤原図）

レタス　灰色かび病

発病の様子

- 初め地面に接する下葉に褐色水浸状の病斑が現れ、湿度が高いと急速に拡大する
- 病勢の激しいときには、地上部全体が萎凋(いちょう)する
- 病斑の表面には灰色のかびが見られる

多発しやすい条件

- 低温（15 〜 20℃程度）で多湿のときに発生しやすい
- 結球期以降に発生しやすい

（藤根）

対策

- 老化した葉や枯れた葉を除去するほか、施設栽培では換気を良くする
- 結球の始まる15 〜 20日前ごろから薬剤を散布する

結球部上部の乾燥した
褐色病斑（三澤原図）

結球葉内部の軟化腐敗
（三澤原図）

病害編／レタス

レタス　うどんこ病

病　原	かび
発病部位	葉
発病時期	春季、秋季

発病の様子

- 外葉の表面に白色粉状のかびの斑点を生じる
- 進展すると葉の全面が白色のかびに覆われて黄化する
- 新しい葉より古い葉に発病しやすい

多発しやすい条件

- 風通しの悪いハウスでは発生が多い
- 多肥栽培で多発しやすい

（野津）

対策

- ハウス内の換気を良くする

葉の症状（野津原図）

にんじん 軟腐病

病　原	細菌
発病部位	主に根
発病時期	6月下旬〜収穫期

発病の様子

- 主として根を侵し、被害株は初めに葉が黄変萎凋し、青枯れ状態となり、株元から倒れる場合が多い
- 根の発病部は水浸状に軟化し、表皮は灰色または褐色となり、内部は軟化腐敗して特有の悪臭を放つ
- 発病がさらに進むと、内部が消失して空洞になる

多発しやすい条件

- 過乾、過湿による裂根などの傷口が病原細菌の侵入門戸となる
- 収穫が遅れたり、高温・多湿の場合に多発することがある
- 密植、低湿地などの場合に発生しやすい　　　　（森）

対策

- 連作を避ける
- 圃場の排水対策を講じる
- 収穫時や水洗い時には、罹病根を除去し、健全株に混入しないようにする

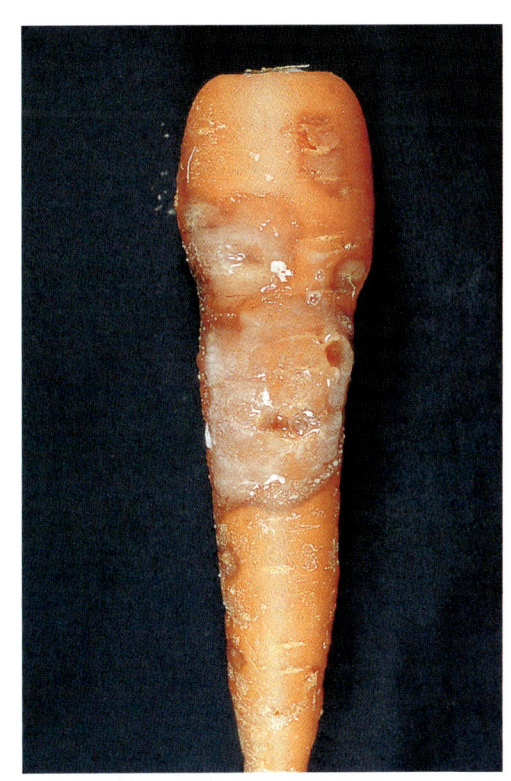

根の病徴（青田原図）

ストレプトミセスそうか病

病　　原	細菌（放線菌）
発病部位	根
発病時期	収穫時に発見される

発病の様子

- 根の表面に黒褐色で隆起あるいは陥没したあばた状の病斑が形成される
- 病斑は横しま状（幅5〜10mm、長さ10〜30mm程度）であることが多い

多発しやすい条件

- 病原菌は馬鈴しょのそうか病（P.86）と同じであるため、過去に馬鈴しょでそうか病が多発した圃場で発生することが多い
- 病原菌は土壌伝染し、生存期間も長いことから、馬鈴しょ、だいこん、ごぼうなどの寄主となる根菜類の作付けが多いと多発しやすい
- 馬鈴しょのそうか病と同様に高温・乾燥年に発生が多い傾向がある

（相馬）

対策

- 馬鈴しょでそうか病の多発した圃場での作付けを避ける
- にんじんの連作、病原菌の寄主となる根菜類（だいこん、ごぼう、ながいも）の後作は避ける

あばた状の病斑（相馬原図）

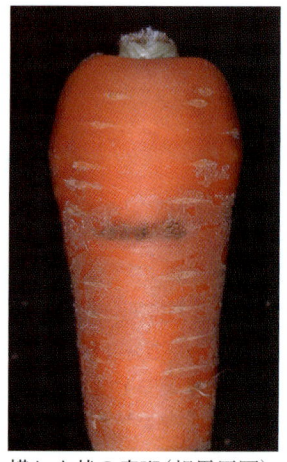

横しま状の病斑（相馬原図）

にんじん　しみ腐病

病　原	かび
発病部位	根部
発病時期	直根肥大期～収穫期

発病の様子

- 根部に初め1～2mmの小さな褐色水浸状の小斑点ができ、収穫時には2～5mmの円～楕円形になる
- 病斑は横長で中心部がやや陥没し、中央に縦に亀裂を生じることもある
- 根の上～中部に多く、下部にはない
- 収穫後時間の経過とともに病斑は大きくなるため、市場で発病に気付く場合もある
- 茎葉に被害はない

多発しやすい条件

- 連作圃場や、透排水性が不良の畑で多発しやすい
- 収穫期に雨の多い作型で多発しやすい

（長濱）

対策

- 圃場の排水を良くする
- 連作を避ける

縦に亀裂が入った病斑（長濱原図）

にんじん 乾腐病

病　原	かび
発病部位	根
発病時期	直根肥大期〜収穫期

発病の様子

- 生育後期の収穫期に近いころに発生することが多い
- 初め根部の皮目に淡褐色で水浸状のしみが現れる。病斑部は徐々に拡大して横長の楕円形（だえん）から不整形となり、中央に縦の亀裂が入ることが多い
- 土中では淡褐色〜黒褐色であるが、収穫後にはさらに黒変拡大し、多湿下では白色の気中菌糸が密生する
- 病原菌によって病斑の形がやや異なり、フザリウム・ソラニ菌では病斑周囲が滑らかであるが、フザリウム・アベナシウム菌では病斑の周囲にも縦の亀裂が入ることが多く、重症株では根がくびれて枯死する

多発しやすい条件

- 透・排水不良地など多湿圃場で多いとされている
- 連作や多肥栽培は発生を助長する
- 地温が25℃以上で症状が激しくなる

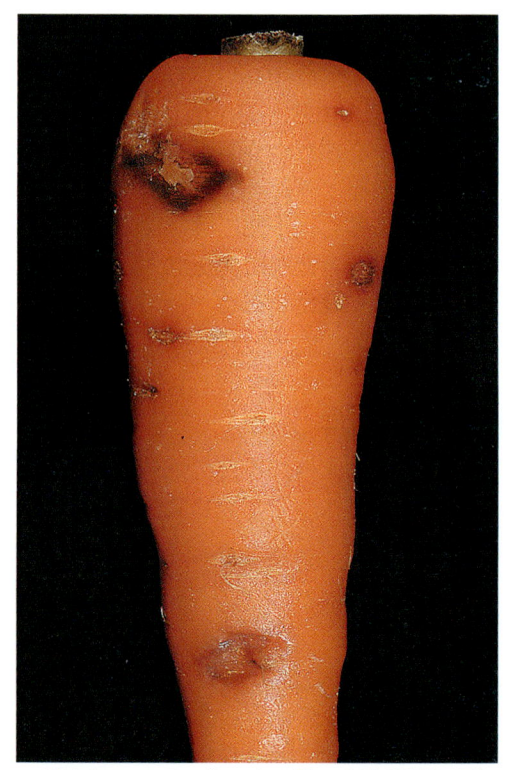

フザリウム・ソラニ菌による根の病徴（新村原図）

似た病害との見分け方

- 本病に非常によく似た病害として黒しみ病があるが、肉眼での区別は困難である　　　　　　　　　（森）

フザリウム・アベナシウム菌による根の病徴（新村原図）

- 圃場の排水対策を行うとともに、排水を悪化させる管理作業（多水分時の作業など）を避ける
- 高畝栽培は有効である
- 収穫適期になり次第、できるだけ早く収穫する。特に播種後60日目以降の降雨によって土壌水分が高くなった場合は、できるだけ降雨から20 〜 30日目までに収穫する

黒しみ病の病徴（長濱原図）

病害編／にんじん

にんじん　黒葉枯病

病　原	かび
発病部位	葉、葉柄
発病時期	7月上旬～収穫期

発病の様子

- 初めは褐色～黒褐色で不定形の小さな斑点を生じる
- 病斑は徐々に拡大して互いに融合し、大型病斑となる
- さらに拡大すると、葉の縁が巻き上がり小葉から枯死する
- 葉柄では、ややくぼんだ病斑を形成し、進展・拡大すると、そこから先の葉身全体が枯凋する
- 多湿時には、病斑上に黒いかびを生じる

発病初期の症状（角野原図）

発病後期の症状（角野原図）

発生圃場。奥が多発（角野原図）

多発しやすい条件

- 生育最盛期から後半にかけて高温で晴天と雨天を繰り返す時に多発する
- 肥料切れを起こした圃場

似た病害との見分け方

- 斑点病は発生初期の小斑点が黒葉枯病に似ているが、斑点が融合して大きくなることは少ない

（角野）

似た病害「斑点病」の症状（谷井原図）

病斑部の拡大（角野原図）

にんじん 黒すす病

病　原	かび
発病部位	根部
発病時期	収穫後の貯蔵中

発病の様子

- 初め根部の表面に黒色の斑点が現れる
- 根全体に黒色病斑が広がり、表面はすす状のかびに覆われる

多発しやすい条件

- 土壌中に潜んでいた病原菌が収穫後の水洗い～ブラッシング作業でできた傷口などから感染する
- 収穫前の降雨量が多い年に多発する

（堀田）

対策

- 出荷時の強いブラッシングは避ける
- 水洗～梱包後は可能な限り、風乾する

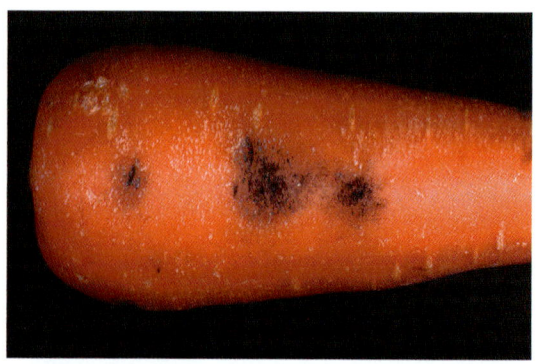

初期病斑（堀田原図）

根部の黒すす症状（堀田原図）

にんじん　うどんこ病

病原	かび
発病部位	主に葉
発病時期	9月上旬〜下旬

発病の様子

- 葉および葉柄に発生する
- 初め表面にうどん粉をかけたような白色の菌そうが点在して見られ、次第に拡大して、葉や葉柄の表面を覆うようになる
- 発病が激しいときは、下葉から黄化、湾曲して枯れ上がる

多発しやすい条件

- 気温20℃のときがまん延に好適であり、本道では9月下旬に発生が多い
- 排水が良く、乾燥しやすい圃場では発生が助長される
- 茎葉が過繁茂の圃場でも発生が多くなる

（森）

対策

- 多肥栽培は避け、茎葉の繁茂を避けるため早めに間引きを行う

葉の病徴（田村原図）

にんじん　雪腐菌核病（雪腐病）

病　原	かび
発病部位	根部
発病時期	冬季〜融雪期

発病の様子

- 雪腐大粒菌核病では、地下部が裂根して内部に白い菌糸とネズミの糞状の菌核が認められる。菌核は地上部にも認められる
- 雪腐小粒菌核病では軟化腐敗し、葉やクラウン、根部に1 〜 2mmの暗赤色〜暗褐色の菌核、または2 〜 4mmの褐色・淡褐色の菌核が認められる

多発しやすい条件

- 積雪期間が長いと多発しやすいと考えられる
- 大粒菌核病は既発圃場で越冬栽培すると被害が大きい

（池田）

大粒菌核病菌による症状（堀田原図）

対策

- 大粒菌核病の発生圃場では、特に長期輪作に努め、深耕プラウにより作土を反転し、菌核を土中に埋没させる
- 小粒菌核病においても連作は避けるほか、秋季に土寄せをしてクラウン部が露出しないようにする

発病株に付着した小粒菌核（暗赤色～暗褐色タイプ）（池田原図）

発病株に付着した小粒菌核（淡褐色タイプ）（西脇原図）

にんじん　黄化病

病　原	ウイルス
発病部位	葉
発病時期	7月〜

発病の様子
- 上位葉や中位葉では葉が退緑する
- 下位葉では葉の黄化や赤色化が認められる

多発しやすい条件
- アブラムシにより伝搬されるため、アブラムシが多発する条件で発生しやすい
- ニンジンアブラムシやニンジンフタオアブラムシにより永続伝搬するとされ、道内ではニンジンフタオアブラムシによる媒介が確認されている
- 汁液伝染はしない

（山名）

対策
- アブラムシの防除を行う
- 発病株は伝染源となるので速やかに抜き取り、圃場外で適切に処分する
- 圃場周辺のセリ科植物での発病株も伝染源となり得るので注意する

上位葉の退緑と下位葉の赤色化（ホクレン農総研原図）

上位葉の退緑（ホクレン農総研原図）

赤色化した下位葉（山名原図）

ほうれんそう 萎凋病（いちょう）

病　原	かび
発病部位	根、株全体
発病時期	高温期の作型

発病の様子

- 主に本葉が4〜6葉期以降、下葉から黄化、萎凋し、生育不良となり、枯死に至る
- 発病株の根は先端部から黒褐色に腐敗し、切断すると導管部が黒褐変する
- 発病が激しい場合は根が不朽、脱落し、葉柄基部の導管も褐変する
- 根の先端に土が塊状に付着している場合がある

対策

- 太陽熱消毒、土壌還元消毒、土壌消毒剤により、土壌消毒を行う。この際、できるだけハウス内全面が十分に消毒されるようにする
- 紫外線カットフィルムを用いると発生を抑制できる

多発しやすい条件

- 連作圃場では多発する
- 高温（28℃以上）で多発し、乾燥条件はさらに助長する
（角野）

圃場での発病状況（角野原図）

発病株（田中民夫原図）

ほうれんそう　白斑病

病　原	かび
発病部位	葉
発病時期	10月

発病の様子

- 葉に直径1 ～ 4mmの淡褐色の病斑を形成する
- やがて直径7 ～ 10mmの輪紋状の病斑となる

多発しやすい条件

- 低温・多湿条件で多発する
- ネギ葉枯病（P.198）は本病の伝染源となる
　（三澤）

対策

- 予防的に薬剤散布を実施する
- 被害葉は翌年の伝染源となるため処分する

発病した葉（三澤原図）

輪紋状病斑（三澤原図）

ほうれんそう べと病

病　原 かび
発病部位 葉
発病時期 春季と秋季

発病の様子

- 葉の表面には淡黄色で円形の斑点を形成する
- 葉の裏面にはねずみ色のかびを密生する
- レースの変遷が激しく、2016年に道内でレース1～8抵抗性品種が発病した

多発しやすい条件

- 低温・多湿条件で多発する

（三澤）

対策

- 発生しているレースに対応した抵抗性品種を栽培する
- 予防的に薬剤散布を実施する

発病した葉の表面（三澤原図）

発病した葉の裏面（三澤原図）

えそモザイク病

病　原	ウイルス
発病部位	葉
発病時期	全生育期

発病の様子

- 初めに黄褐色の退緑小斑点・輪紋が現れ、その後、えそ斑点あるいは網目状のえそを生じる

多発しやすい条件

- 保毒した種いもおよびむかごで発病する
- ジャガイモヒゲナガアブラムシやワタアブラムシ（P.407）などにより伝搬され、感染時期は栽培期間全般にわたる

（安岡）

対策

- 健全種いもを使用する
- 種いも圃場は、一般圃場から隔離して設置し、アブラムシ防除と防虫網の被覆を行う。また、発病株および野良生えの抜き取りを実施する

葉の症状（萩田原図）

やまのいも　褐色腐敗病

発病の様子

- いもの表面に楕円形の陥没病斑を形成し、拡大すると亀裂が入りやすくなる
- 奇形いもになることが多く、亀裂、分岐、肌の異常および異常肥大などを伴う

多発しやすい条件

- 連作など作付け頻度が高いと、土壌中の菌密度が高まり発病に好適となる

（安岡）

対策

- 適正な輪作体系を維持する
- 無病の種いもを使用し、種いも消毒を実施する
- 未熟堆肥を施用しない

亀裂、陥没病斑（田中文夫原図）

奇形症状（田中文夫原図）

病害編／やまのいも

やまのいも　根腐病

病　原	かび
発病部位	根部
発病時期	全生育期

発病の様子

- 初めに水浸状病斑が形成され、次第に腐敗する
- 新いもは、分岐した奇形いもとなることが多い
- 生育中に激しく侵されると、茎葉が黄化せず緑色を呈したままとなることがある

多発しやすい条件

- 連作や作付け頻度が高い圃場では、土壌中の菌密度が高まり発病に好適となる
- 高温と高土壌水分は発病を助長する

(安岡)

対策

- 無病の種いもを使用し、適正な輪作体系を維持する
- 未熟堆肥を施用しない

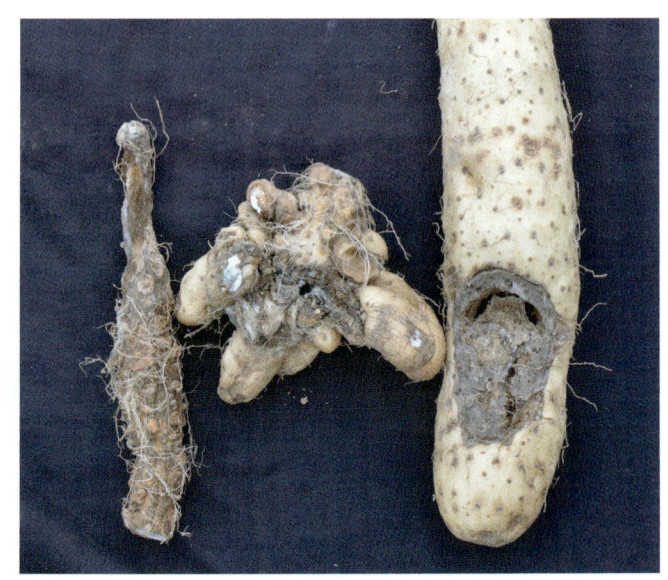

奇形症状と大型の陥没病斑（安岡原図）

やまのいも 褐斑根腐病

発病の様子

- 収穫時には明らかな病斑を認めることは少なく、貯蔵中に徐々に病斑が拡大する
- 側根の基部(毛穴)が円形〜楕円形に褐変する
- 病斑は深部には達しない

多発しやすい条件

- 土壌伝染するが、詳細は不明である

（安岡）

対策

- 種いも伝染は今のところ否定できないので、無病種いもを使用する
- 適正な輪作体系を維持する

側根基部の病斑（安岡原図）

やまのいも　青かび病

病　原	かび
発病部位	根部
発病時期	収穫〜貯蔵後

発病の様子

- 首部の切断部位および傷口から暗褐色に腐敗し、やがて表面に緑色のかびが発生する
- 種いもの切断面に発生することがある

多発しやすい条件

- 傷が付いた後に高湿度条件で保管した場合

（安岡）

対策

- 傷を付けないようにする
- 種いもでは切断面に石灰を塗布し、適切な温度管理を行い、切断面をコルク化する

青かび病の病斑（田中文夫原図）

切断面に発生した青かび（田中文夫原図）

りんご 黒点病

病　原	かび
発病部位	果実、葉、枝
発病時期	7月〜

発病の様子

- 葉や枝にも発生するが、主な被害は果実である
- 果実では7月以降から発病が始まり、果実のがくあ部（おしりの部分）に発生することが多く、初め緑色、やがて黒色の小斑点を生じる
- 病斑はやや陥没しており、斑点は通常2〜3mm程度のものが多いが、5mm以上の大型の病斑もある

対策

- 薬剤防除が中心となる。黒星病と同時に防除が可能で効果の高い薬剤が利用できる
- 感染に好適な気象条件の場合は、落花直後から防除を開始し、間隔を空け過ぎない

多発しやすい条件

- 本病は前年の被害落葉が感染源となり、感染は落花直後から始まり、10〜30日後が多い。また、20〜25℃の温度と多湿条件が感染に好適であるため、北海道では6月の気象条件が多雨傾向であると発病が増加する

（新村）

果実の症状（小坂原図）

発生はがくあ部に多い（新村原図）

りんご 黒星病

病　原	かび
発病部位	葉、果実、時に枝梢（ししょう）
発病時期	落花期〜

発病の様子

- 葉では落花後まもなく、緑褐色で周囲のぼやけた2〜3mmの病斑を生じ、やがて黒緑色のすすけたような円形の病斑となる。多発すると早期に落葉する
- 病斑は葉の表裏の両面に生じるが、進展して反対面まで貫通することはない
- 果実では、初め数mmの黒緑色すす状の病斑を形成し、病斑が古くなるとコルク化する
- 幼果のころから発病すると果実がゆがみ、しばしば病斑部から裂果する
- 成果では直径数mmの円形で周囲が、やや隆起した黒褐色病斑を生じる

多発しやすい条件

- 展葉期〜開花期の低温・多湿条件（平均気温15〜20℃で多雨）で多発する
- 本州では夏季の高温により発病が一時抑制されるが、道内ではその傾向は明らかではない

（新村）

葉の症状（田村原図）

対策

- 薬剤防除が中心となる。病斑が認められてからの防除では効果が劣るため、早期防除が重要
- 展葉期にはすでに感染が始まっているため、防除が遅れないようにする

果実の症状（新村原図）

果実の裂果症状（田村原図）

りんご 斑点落葉病

病　原	かび
発病部位	果実、葉、枝
発病時期	6月上・中旬〜

発病の様子

- 葉では6月中・下旬に円形、褐色の直径2〜3mmの小斑点が現れ、やがて拡大して周辺が紫褐色の直径5〜6mmの病斑となる
- 発病が進むと病斑が融合し、不整形の大型病斑となる。多発すると葉全体が黄化して落葉する
- 果実にも病斑を形成するが、北海道ではあまり果実の被害は問題とならない
- 幼果では黒褐色のやや隆起した病斑を生じるが、果実の肥大に伴い病斑は脱落する。肥大後の果実では円形の褐色病斑を生じる
- 新梢では皮目を中心に数mmの円形、灰褐色の病斑を生じる

葉の斑点症状（田村原図）

多発しやすい条件

- 発病の適温は、葉では20～30℃、果実では15～25℃。夏季の高温多湿条件で多発しやすい
- 排水不良園や風通しの悪い園地、軟弱に育った園地で発生が多い
- 品種の抵抗性に差があり、「つがる」「ジョナゴールド」は強く、「レッドゴールド」「スターキングデリシャス」は弱い

（新村）

対策

- 罹病枝をせん除し、被害葉を放置せずに処分する
- 落花10日後から予防的に薬剤散布を行う

本病による早期落葉（田村原図）

りんご
腐らん病

病　原	かび
発病部位	枝（主幹、主枝、枝梢の樹皮）
発病時期	3月中旬〜6月下旬

発病の様子

- 春先の主幹や主枝の症状は樹皮が膨れ、赤みを帯びた褐色になり、柔らかく、特異な芳香がある
- 病斑はその後も進展し、表面には黒色の小突起を生じサメ肌状になる。多湿条件では、この小突起（柄子殻）から胞子が押し出される様子が観察される

多発しやすい条件

- 凍害や台風などで樹が損傷を受けると発病が助長される
- 発病樹の病斑の削り取りが行われず放置されると、感染源になり発生が増加する

（新村）

春季の赤みを帯びた病斑（田村原図）

夏季の病斑（田村原図）

対策

● 被害部は早期に切除あるいは削り取り、処分する
● せん定の切り口や削り取りの跡は、殺菌剤の入った塗布剤を塗る
● 休眠期に薬剤を散布し感染を予防する

柄子殻から噴出される
黄色の胞子（田村原図）

りんご モニリア病

病　原	かび
発病部位	葉、花、幼果
発病時期	5月上旬〜6月下旬

発病の様子

- 葉腐れ：春先の展葉間もない若葉に感染し、褐色円形〜不整形の小斑点を生じ、やがて葉脈を通して褐変が広がり、中肋（ちゅうろく）から葉柄が侵される
- 花腐れ：病変部は葉柄から花叢（かそう）に達し、花叢全体がしおれる
- 実腐れ：病原菌は開花中の柱頭からも進入し、幼果が褐色に発病する
- 株腐れ：さらに病変部が果そう基部まで達し、花叢全体がしおれる

多発しやすい条件

- 春先が低温・多湿であるとキノコをつくり、そこから胞子を飛ばすため、気温が低く、雪解けが遅いと発生が多くなる
- 葉腐れが多く、開花時の天候が湿潤であると実への感染が多くなる

（新村）

葉腐れの症状（新村原図）

対策

- 融雪剤などで融雪を早め、園地の乾燥を図る
- 発芽期以降、薬剤を散布する
- 発病部は感染源となるため摘み取り処分する

実腐れの症状（田村原図）

花腐れの症状（新村原図）

りんご

炭疽病

病　原	かび
発病部位	果実
発病時期	9月～貯蔵中

発病の様子

- 生育後半～収穫期および貯蔵中の果実に発生する
- 果実に褐色の円形病斑を形成し、軟化、腐敗する
- やがて、病斑上に橙黄色（とうこう）～鮭肉色（けいにく）のかび（分生子塊）を形成する

多発しやすい条件

- 高温・多雨条件で多発する
- ニセアカシアの周辺のりんごで発生が多い

（三澤）

発病した果実
（三澤原図）

対策

- 園地周辺のニセアカシアを伐採する
- 7月上旬～8月下旬に薬剤を散布する
- 発病果実を処分する

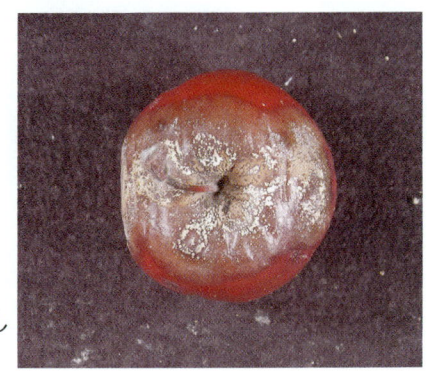

かび（分生子塊）を形成した発病果（三澤原図）

おうとう　幼果菌核病

病　原	かび
発病部位	葉、幼果
発病時期	展葉期～幼果期

発病の様子

- 展葉直後の幼若な葉に小さな褐点を生じ、その後病斑が拡大し、やがて中肋、葉脈、葉柄に白色の胞子が形成される
- 果実では落花直後～指頭大の着色前の幼果で発病する
- 初め果実内部から、やがて果実全体、果梗まで褐変し、発病果の表面に白色の胞子が形成される
- 発病果周囲の幼果に新たに感染することはない
- 発病果は全て樹冠下に落下する

多発しやすい条件

- 発芽期～開花期間中の低温と多湿が助長する
- 前年度発生園地は発生しやすい

（西脇）

対策

- 葉腐れには開花直前、幼果腐れには満開期に薬剤を樹冠散布する
- 発病果を摘み取り、園外で適切に処分する
- 融雪後の園地の乾燥に努める

葉腐れの症状（西脇原図）

幼果腐れの症状（西脇原図）

おうとう　灰星病

病　原	かび
発病部位	主に花、果実
発病時期	開花期〜収穫期

発病の様子

- 花腐れ：落花期ごろに花全体が淡褐色に変色し、がくや花軸に灰褐色の胞子の塊が形成され、樹上に残る
- 果実腐れ：果皮表面に小さな褐点を生じ、急速に果実全体に拡大、軟化する。やがて果実表面に大量の灰褐色の胞子が形成され、周囲の果実に次々に感染し、発病果が増加する

多発しやすい条件

- 開花期間中や落花期以降の長雨で果実に多発する。特に着色始めごろ〜収穫期の長雨で被害は大きい
- 前年度多発園地は発生に注意する

（西脇）

対策

- 雨よけ栽培する
- 開花直前、満開3日後および着色始めごろ〜収穫期に薬剤防除を行う
- 発病果を摘み取り、園外で適切に処分する
- 融雪後の園地の乾燥に努める

花腐れの症状（西脇原図）

果実腐れの症状（西脇原図）

おうとう 炭疽病

病　原	かび
発病部位	芽、葉、果実
発病時期	5月下旬～7月下旬

発病の様子

- 芽、葉、果実に感染するが、果実の被害が顕著である
- 果実では茶褐色、円形の病斑を形成し、病斑上には橙黄色～鮭肉色のかび（分生子塊）を生じる
- 葉に褐色の病斑を形成し、多発すると早期に落葉する

多発しやすい条件

- 多雨条件で多発する

対策

- 病原菌は、樹体上の枯死芽、落葉痕、短果枝で越冬し、伝染源となるため、これらを処分する
- 休眠期に薬剤を散布する。生育期も他の病害の防除を兼ねて薬剤を散布する

（三澤）

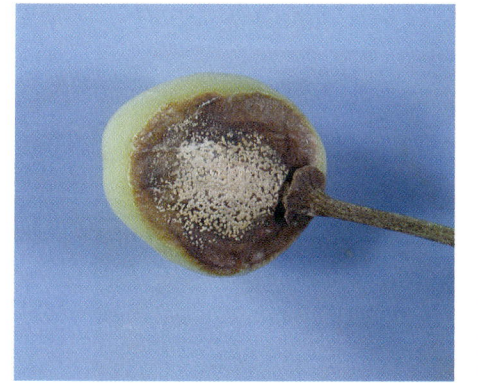

発病した幼果（三澤原図）

発病した熟果（三澤原図）

ぶどう　べと病

病　原	かび
発病部位	葉、果実（果梗を含む）、新梢
発病時期	開花前〜果実成熟期

発病の様子

- 葉が主体、まれに果実や新梢、巻きひげにも発生する
- 葉では、初め不明瞭な病斑が現れ、後に葉脈に囲まれた角形病斑となる。葉裏には純白色のかびが生じ、激発すると葉が黄化して落葉する

多発しやすい条件

- 発病適温は22〜25℃で、7、8月が多雨であるとまん延しやすい
- 欧州系品種はアメリカ系品種に比べ弱いため、発病が多くなる

（新村）

対策

- 薬剤による防除を行う。開花7日前〜落花10日後が重点防除時期となる。潜伏期間が長いので、発病前から防除を行う

葉の病斑（新村原図）

果実の症状（暗褐色に変色）（新村原図）

果梗に生じたかび（新村原図）

ぶどう

黒とう病

病　原	かび
発病部位	果実、葉、新梢、巻きひげ
発病時期	7月上旬〜

発病の様子

- 葉では、葉脈上に直径2〜5mmの病斑を生じ、病斑は古くなると穴があきやすくなる。病斑が多くなると葉がゆがんだり巻き込んだりする
- 果実では、初め黒褐色円形の小斑点を生じ、後に拡大して中央部が灰白色、周辺部が鮮紅色〜紫黒色の陥没した病斑になる

多発しやすい条件

- 生育前半に雨が多い年は発生が多く、特に6月中旬〜7月上旬に冷たい雨が多いと多発する
- 欧州系の品種で発生が多い

（新村）

対策

- 萌芽直後〜7月中旬まで薬剤散布を行う
- 窒素肥料の過多による軟弱徒長を避ける

葉の病斑（田村原図）

果実の病斑（田村原図）

病害編／ぶどう

ぶどう

晩腐病

病 原	かび
発病部位	葉、果実
発病時期	幼果期～成熟期

発病の様子

- 果実に円形、褐色の病斑を形成し、病斑部はへこむ
- 葉に褐色の小型病斑を多数形成し、やがて病斑は融合し大型化するが、病斑は不明瞭で他病害との識別が困難な場合が多い

対策

- 芽出し前と生育期に薬剤を散布する

多発しやすい条件

- 多雨条件で多発する

（三澤）

発病した果実（三澤原図）

発病した葉（三澤原図）

ぶどう 灰色かび病

発病の様子

- 主に開花期前後の花穂と成熟期の果実に発生する。花穂では花、果梗（かこう）、穂軸が褐色となって腐敗する
- 成熟期の果実では裂果した果実を中心に褐色に腐敗し、灰色のかびを生じる
- 貯蔵中にも果実腐敗を起こす

多発しやすい条件

- 多湿条件で発生しやすいため、排水不良園で発生が多い
- 開花期前後が多雨のとき花穂で、夏から秋にかけて多雨のとき果実の発病が増加する

（新村）

対策

- 園地の排水を改善し、過繁茂は避けて通風を良くする
- 開花前から予防的に薬剤を散布する

果実の症状（田村原図）

ぶどう

根頭がんしゅ病

病　原	細菌
発病部位	幹
発病時期	7月上旬～9月上旬

発病の様子

- 主幹に表面がカリフラワー状のこぶを形成する
- 他の樹種では、こぶは地際部付近にのみ形成するが、ぶどうの場合は主幹の至る所に形成する
- 発病樹は樹勢が低下し、やがて枯死する

多発しやすい条件

- 凍害を受けた樹は発病しやすい
- 発病した母樹から採取した穂木は感染している

（三澤）

対策

- 無病苗を栽植する
- 樹体に傷を付けないように管理する
- 「デラウェア」は本病に強く、ほとんど発病しない

こぶを形成した発病樹（三澤原図）

樹勢が低下した発病樹（三澤原図）

ぶどう

環紋葉枯病

病　原　かび
発病部位　葉
発病時期　8月〜収穫期

発病の様子

- 初めは葉に褐色の斑点を形成する
- 多発すると葉全面に病斑を形成し、早期に落葉する
- 葉裏面には長さ0.5mmほどのぶどうの房状の付着物を多数形成する

多発しやすい条件

- 低温・多湿条件で多発する
- 生育後半に発生しやすい
- 欧州系品種で発病が多い

（三澤）

対策

- 前年被害葉は伝染源となるため処分する
- 周辺野生植物も伝染源となるため処分する

発病した葉（三澤原図）

発病樹（三澤原図）

つる割細菌病

病　　原	細菌
発病部位	葉、新梢、果穂
発病時期	多雨が続いた時

発病の様子

- 葉に淡黄色の小斑点が現れ、やがて縁が褐色の病斑となる。多数の病斑が融合すると枯れ上がる
- 新梢では、数mm～5cm程度の黒褐色の条斑が発生し、やがて表皮が割れてつる割れ症状となる場合や黒褐色のかいよう症状となる
- 花では花弁が黒変枯死し、果実では黒褐色で円形のかいよう症状が現れ、裂果する場合も見られる

多発しやすい条件

- 多雨・多湿

（小松）

葉の病斑（小松原図）

対策

● 開花前に発病した場合は、開花期前後に薬剤の散布を行う

つるの黒変症状（小松原図）

果穂の腐敗症状（小松原図）

つるの割れ症状（小松原図）

なし　胴枯病

病　原	かび(西洋なしとなしで病原菌が異なる)
発病部位	枝、幹
発病時期	西洋なし:7月〜 なし:5〜6月

発病の様子

西洋なし
- 主に細い枝梢に発生する
- 初め黒色〜黒紫色で表面が多少盛り上がった円形の病斑を生じる。この病斑は夏〜秋に生じ、そのまま越冬する。翌春、病斑は拡大し黒褐色になり陥没する

なし
- 枝幹に初め水浸状、黒褐色の少しくぼんだ病斑を生じ、拡大して赤褐色の病斑となる
- 病斑と健全部との境には亀裂を生じ、病斑部には多数の黒色小粒点を生じる

多発しやすい条件

- せん定や凍害による傷口から病原菌が侵入しやすい
- 樹勢が劣ると多発する

（新村）

対策

- 病斑部は削り取り、薬剤を塗る
- 西洋なしは5月下旬〜 7月中旬に、なしは休眠期に薬剤を散布する
- 肥培管理を適正にし、樹勢を高める

病斑に生じた亀裂(なし)
(田村原図)

枯死した新梢(西洋なし)
(新村原図)

赤星病

病　原	かび
発病部位	葉
発病時期	6月〜

発病の様子

- 西洋なしでの発生はまれで、主になしで発生する
- 主に葉に発生し、葉の表面に小さな橙黄色の点が生じ、次第に大きくなり鮮明な橙黄色の斑点となる。間もなく病斑部は厚くなり、葉の裏側に淡黄色の毛状体が形成される

多発しやすい条件

- 病原菌はビャクシン（ヒノキ科常緑低木）に形成した病斑から胞子を飛散してなしに感染するため、ビャクシンが近くにあると発生しやすい

（新村）

対策

- ビャクシンを近くに植えない
- なし、西洋なしの展葉期、落花期に薬剤を散布する

葉に見られる症状（田村原図）

なし　黒星病

病　原	かび（西洋なしとなしでは病原菌が異なる）
発病部位	西洋なし：果実、葉、新梢 なし：果実、葉、葉柄、りん片、花叢基部（かそう）、新梢
発病時期	5月上旬〜9月下旬

発病の様子

西洋なし

- 初め葉表面にやや角ばった退緑斑を生じ、その裏面に黒色すす状の病斑を形成する
- 果実では幼果期の感染が多く、黒いすす状の病斑を生じ奇形果となる

なし

- 西洋なしと同様の黒いすす状の病斑が果実、葉、葉柄、りん片、花叢基部、新梢に発生する

多発しやすい条件

- 西洋なし、なし共に低温・多湿条件で発生が多くなる
- なしでは「長十郎」など赤なし系、西洋なしでは「フレミッシュビューティー」で発生が多い

（新村）

対策

- 秋季に感染源となる落葉を集めて処分する
- 被害枝は切除する
- 発芽後から定期的に薬剤防除を実施する

果実の症状（田村原図）

輪紋病 (いぼ皮病)

病　原	かび
発病部位	葉、果実、枝幹
発病時期	果実では成熟期

発病の様子

- 葉では黒褐色の不整形の輪紋状病斑を生じ、病斑は後に灰白色になる
- 果実では、初め暗褐色の小斑点を生じ、次第に拡大して輪紋状の大型病斑となり、果肉が軟化腐敗する
- 枝幹では5mm前後のいぼを形成して周辺が陥没し、別名「いぼ皮病」と呼ばれる症状を呈する

多発しやすい条件

- 6～8月の降雨で多発する

（新村）

対策

- 6月中旬～8月に薬剤を枝幹部まで十分にかかるように散布する
- いぼ病斑は10年近く胞子を形成するため、いぼ病斑の多い枝幹は切除する

果実の症状（田村原図）

なし　灰星病

病　原	かび
発病部位	主に果実
発病時期	成熟期ごろ

発病の様子

- 初め果実表面に褐色の小斑点を生じ、これが次第に拡大する
- 病斑上には灰褐色の胞子の塊を輪生する
- 病斑はさらに進展し、果実全体が腐敗する

発病果
（栢森原図）

多発しやすい条件

- 成熟期ごろの多湿条件
- 前年発生園地は注意する　　　　　　　　　（栢森）

対策

- 被害果は摘み取り処分する
- 春先に中耕を行い、被害果を土中に埋没させる

樹上の発病果（栢森原図）

枝枯細菌病

病　原	細菌
発病部位	果梗、新葉の葉柄基部
発病時期	5月下旬〜8月

発病の様子

- 果梗や新葉の葉柄基部が黒変し、次第に果叢(かそう)全体が萎凋(いちょう)、枯死する
- さらに病斑が短果枝を経て結果母枝へと進展し、枝の全周を覆うと、病斑部より先の枝が枯死する
- 黒変した被害部には、しばしば乳白色の菌液が漏出する

多発しやすい条件

- 発病適温は25℃で、5月下旬から発生し8月に終息すること以外、生態には不明な点が多い

（新村）

枝の黒変症状
（新村原図）

対策

- 発病した枝の枯死部から30〜50cmほど基部で切除、処分する
- 開花盛期〜落花期に薬剤散布を実施する

枝の黒変部に菌液が漏出
（新村原図）

害虫編

イネハモグリバエ

加害部位	葉
加害時期	第1回幼虫：6月上旬〜下旬 第2回幼虫：7月上旬〜下旬

被害の様子

- 幼虫は葉の先端付近から内部を潜孔加害する。潜り痕は初期には太い線状だが、加害が進むと葉の幅いっぱいに袋状に広がる
- 発育を完了した幼虫は、葉の表面であめ色または焦げ茶色のさなぎとなる。あめ色のさなぎからは、年内に成虫が羽化する

葉の被害（岩﨑原図）

葉に付着したさなぎ（岩﨑原図）

多発しやすい条件

- 近年、発生は少ない。湿地の近くや減農薬栽培田などで発生することが多い

似た害虫との見分け方

- イネミギワバエ（P.264）は、水面付近の下位葉にやや細い潜り痕を形成する。これに対し、イネハモグリバエは上位葉に幅広い潜り痕を形成する
- 葉の表面にさなぎが見られる場合はイネハモグリバエである

（岩﨑）

成虫（岩﨑原図）

対策

- 殺虫剤の茎葉散布。一般的には多発生することが少ないため、発生が目立たない限り防除の必要はない

害虫編／水稲

イネミギワバエ
(イネヒメハモグリバエ)

加害部位	葉
加害時期	移植直後～6月下旬ごろ

被害の様子

- 幼虫は主に下位葉の内部を食害し、やや太めの線状の潜り痕を形成する。発育を完了した幼虫は、葉の中でさなぎになる

多発しやすい条件

- 成虫は水面に張り付いた"浮き葉"に好んで産卵する。そのため、低温時などに深水管理にした水田で被害が目立つことが多い
- 低温により初期生育が劣る条件では、食害が生育に及ぼす影響も大きくなる
- 日本海沿岸地帯や日高地方で多発することが多い

葉の被害(岩﨑原図)

浮き葉上の成虫（岩﨑原図）

似た害虫との見分け方

- 本種は葉の中でさなぎになるため、潜り痕を指でつまむと内部にさなぎが残っているのが分かる
- 被害は下位の葉に見られることが多い

（岩﨑）

対策

- 深水管理は必要時にやめる
- 多発が予想される場合には、薬剤の茎葉散布を行う

卵（岩﨑原図）

イネドロオイムシ
（イネクビボソハムシ）

加害部位	葉
加害時期	成虫：6月上旬〜7月下旬
	幼虫：6月下旬〜7月下旬

被害の様子

- 成虫に食害された葉は、細長い白い縦線が数本生じる。本田初期の小さな葉は、やがてそこから縦に裂ける
- 幼虫は不規則な形に食害し、食害された葉には白いかすり状の模様が生じる
- 幼虫の密度が高く食害が多いと、株全体が白く見える
- 食害を受けた葉や株の近くには、成虫、卵塊、幼虫、繭が観察される

多発しやすい条件

- 成虫の越冬に適した山林や雑草地の多い山間部で多発する傾向にある
- 6〜7月が曇雨天や低温の年は加害期間が長引き、被害が大きくなる

成虫（青木原図）

卵塊（青木原図）

幼虫（青木原図）　　　繭（青木原図）

幼虫多発生による被害株（八谷原図）

害虫の特徴

- 卵は数粒〜十数粒程度の塊の状態で葉の表面に産み付けられる
- 幼虫は泥状にした糞を被り、体を隠しているが、その姿は葉上では目立つ
- 幼虫は成熟すると、白い泡状の分泌物を出して葉上や株元の茎の間などで繭をつくる
- 成虫は体長４〜５mm。胴体は青藍色に輝き、胸部はだいだい色である

（青木）

対策

- 育苗床土混和、育苗箱に対する散粒やかん注、水田における茎葉散布や水面施用などの薬剤防除を実施する
- 薬剤抵抗性の発達しやすい虫であるため、防除効果が低かった場合、別系統薬剤に切り替える

水稲　イネミズゾウムシ

被害の様子

- 成虫は葉を食害するが、主な被害は幼虫による根部の加害である
- 成虫は、葉脈に沿って1mmほどの幅で長さ数cm食害する。この食害による損害はほとんどないが、発生の目安となる
- 幼虫は、若齢期は根を内側から袋状に食害し、中齢期以降は外側から根を切断するように食害する
- 根が切断されるため、稲の生育は抑制され、茎数も減少する

多発しやすい条件

- 卵は水面下の稲の葉鞘（ようしょう）に産み付けられるため、深水にすると産卵に好適となり、幼虫の密度が高まりやすくなる

成虫と食痕（古川原図）

害虫の特徴

- 成虫は体長3mmほどのゾウムシで、単為生殖する。稲の上では乾いた泥粒のように見える
- 幼虫は土中にいるため見えないが、成虫食痕のある稲株を掘り出し、バケツなどの中で水につけて洗うと、C字状に丸まった幼虫が水面に浮いてくる
- 幼虫は老熟すると根に付着した"土繭"をつくり、その中でさなぎとなる。8月上旬ごろから新成虫となり、外に出てくる

（古川）

対策

- 水田の均平化を図り、過度の深水を避ける
- 成虫が発生最盛期（6月下旬ごろ）に株当たり0.5頭（成虫食害株率70%）以上になると、減収が生じるので、これを目安に防除要否判断を行う
- 北海道では畦畔から歩行により水田に侵入するので、育苗箱施用や水面施用は、水田内の周辺部のみに行うことも有効で、薬剤使用量を節減できる

幼虫と土繭（秋山原図）

水　稲　アカヒゲホソミドリカスミカメ

成虫（岩﨑原図）

被害の様子

- 成虫や幼虫が針状の口吻で、もみの間隙から登熟中の玄米の汁を吸うことにより、玄米が「斑点米」となる。吸汁された部分は黒～褐色となり、被害は玄米内部に及び、落等級などの品質低下をもたらす
- もみの側部の割れ部分から吸汁されると「側部斑点米」、もみの頂部から吸汁されると「頂部斑点米」となる
- 乳熟期から糊熟期にある玄米が吸汁されると斑点米が発生する

斑点米（柿崎原図）

葉鞘（ようしょう）内の卵（上）と露出させた卵（岩﨑原図）

幼虫（岩﨑原図）

多発しやすい条件

- 畦畔（けいはん）や周辺にスズメノカタビラ、イタリアンライグラスなどの好適植物が多いと、それが発生源となり、カメムシの発生が多くなる
- 割れもみが多い品種では、被害が多い傾向がある

害虫の特徴

- 成虫は体長４～６mm。体色は緑色で、体型は細長く、触角が赤い

（柿崎）

対策

- 出穂期および出穂７日後に基幹防除、以降７日間ごとにモニタリング（すくい取りまたはフェロモントラップ）を実施し、要防除密度を超える捕獲数がある場合に、追加防除を実施する
- ７月上・中旬までに畦畔など周辺の草刈りを実施し、カメムシの発生源を減らす

フタオビコヤガ
（イネアオムシ）

被害の様子

● 幼虫が葉を食害する。食害された葉は、縁から不規則なのこぎり歯状や台形の欠損となったり、葉先がなくなったり、中肋だけになったりする

● ふ化後まもない若齢幼虫による食害は、葉肉を点々と食害されたかすり状で目立たない

● 第1回目の幼虫食害は、穂数の減少が減収要因となる。第2回目以降の食害は、稔実歩合の低下が減収要因となる

多発しやすい条件

● 各地で発生し、発生場所には特徴はない

幼虫（岩﨑原図）

害虫の特徴

- 幼虫は体長2～3cmのアオムシ。摂食時以外は葉裏の縁などに静止していて目立たない
- 幼虫は老熟すると糸で葉身を三つ折りにつづり合わせた "船" をつくり、中でさなぎとなる

（古川）

被害葉（岩﨑原図）

- 要防除水準が設定されているので、これを超えた場合のみ、防除を行う
- まず10株の幼虫被害の有無を調べ、被害株率が100%の場合のみ、被害葉率を調査する。そして、次に示す基準に適合した場合のみ防除（茎葉散布）を行う
  第1回目（6月下旬）：被害葉率 44%以上
  第2回目（7月下旬）：被害葉率 65%以上
  第3回目（8月下旬）：被害葉率 100%
- 薬剤に対しては比較的弱く、他害虫の防除で死亡することが多い。ただし、有機リン系薬剤では感受性の低下が見られる場合があるので、注意が必要である

ヒメトビウンカ

加害部位	茎葉全体、イネ縞葉枯病の媒介
加害時期	イネ縞葉枯病媒介：6月～7月中旬 吸汁害：8～9月

被害の様子

- 吸汁による直接害と、イネ縞葉枯病（P.23）を媒介することによる間接害がある
- 吸汁害は成虫と幼虫が茎葉から吸汁することによって起こる。通常の密度では被害は生じないが、出穂期以降に著しい高密度となったときに被害が生じる。被害稲は、葉が周辺部から黄化し、登熟不良となり、くず米が増加する
- 吸汁により株の上部が軽くなるため倒伏は生じないが、排せつ物によりすす症状が発生し、穂や止葉などが汚れる
- 吸汁が起こる発生密度の目安は、夏季の発生密度が株当たり50頭（20回振りすくい取りで成虫1,800頭、幼虫で900頭）以上である

成虫（八谷原図）

すす症状（秋山原図）

多発しやすい条件

- イネ縞葉枯病は、ウイルス保毒虫がいる地域のみで発生する
- 吸汁害は、夏季にヒメトビウンカが異常多発生した場合にのみ起こる

害虫の特徴

- 体長4〜5mmの微小なセミのような虫。成虫には羽が長い長翅型、短い短翅型がある。幼虫には羽がない

（古川）

対策

- イネ縞葉枯病の発生地では、育苗箱施用、水面施用、茎葉散布を組み合わせた防除を行う
- MEP剤に対する抵抗性が本道の広い地域で確認されている。また、九州地方ではフィプロニル剤やイミダクロプリド剤に対して感受性低下が確認されている。北海道では未確認であるが、同一系統薬剤の連用を避けることが望ましい
- 通常は、カメムシとの同時防除で対応可能である

害虫編／水稲

ニカメイガ
（ニカメイチュウ）

加害部位	茎
加害時期	7月下旬～収穫期

被害の様子

- 幼虫が7月下旬以降、茎の内部を食害する。これにより出穂前では芯枯れや出すくみとなり、出穂間もない茎では白穂となる
- 登熟が進んだ後の食害茎は、変色したり葉鞘（ようしょう）が早めに枯れる程度であるが、食害が著しいと基部から折れて倒伏する

多発しやすい条件

- 茎の太い稲ほど幼虫の生存に適している
- 幼虫は刈り株、わら、水田周辺の雑草地で越冬する。そのため、被害わらをそのまま放置しておくと、わらの中で幼虫が越冬し、翌年の発生源となる

（古川）

成虫（秋山原図）

卵塊（梶野原図）

越冬幼虫（秋山原図）

対策

- 以前は重要害虫であったが、機械化が進んだ1970年代以降、ごく少ない発生に転じ、現在に至り、通常の栽培では特別な対策は不要である
- 刈りわらを堆肥化するなど適切に処理し、夏季に他害虫に対する薬剤防除を行っている圃場では、多発することはない
- 薬剤防除をする場合は、成虫発生盛期（7月中〜下旬）に7〜10日間隔で1、2回茎葉散布を行う

害虫編／水稲

アワヨトウ

加害部位	葉
加害時期	6月以降、突発的かつ不定期に発生

被害の様子

- 幼虫が葉を食害する。若齢期には葉に不規則な食痕を残す程度であるが、中老齢期は葉を縁から食害し、硬い中肋脈（のぎ）を残して食い尽くし、稲の芒まで食害するため、稲株は茎と穂だけ残る惨状となる
- 幼虫は、頭部全体に網目模様があり、黒色の「八」の字紋を持つ。胴体には数本の濃淡の縦線を持つ。発生密度によって体色が異なり、低密度では淡緑色から淡い橙褐色（とう かっしょく）、高密度では黒～暗褐色を呈する

稲の被害（古川原図）

幼虫の体色。上は黒色幼虫（和田原図）、他は淡色幼虫（岩﨑原図）

多発しやすい条件

- 長距離飛来性害虫であり、中国大陸南東部から東部の小麦地帯から低気圧に伴う下層ジェット気流などに乗って毎年のように飛来する一方、北海道では越冬しない
- 飛来量の年次変動は大きく、大陸での成虫発生期と強い気流の出現が同調すると多くなる
- 北海道内では、道南地方全域および道南から道北にかけての日本海側で飛来量が多い
- 成虫は主にイネ科の乾燥した枯葉に卵塊を産み付ける。水害にあって冠水した水田に多発することがあるが、これは卵が付いた枯葉が集まったり産卵に適した枯葉が多いためと考えられる
- 近接した畑地などで植物を食い尽くした幼虫が、水田になだれ込むということもある

（古川）

対策

- 発生予察情報に注意し、飛来が認められた場合は、圃場での幼虫、特に高密度での発生を示す黒色幼虫の発生に注意する。そして早期に発生を見つけ、直ちに薬剤防除を行う

害虫編／水稲

アカスジカスミカメ

加害部位	出穂後の穂の玄米
加害時期	出穂期〜成熟初期

被害の様子

- 成虫や幼虫が針状の口吻で、もみの間隙から登熟中の玄米の汁を吸うことにより、玄米が「斑点米」となり、落等級などの品質低下をもたらす。斑点米の斑点はアカヒゲホソミドリカスミカメよりやや大きめである
- 発生時期は、アカヒゲホソミドリカスミカメよりやや遅れてピークとなる

多発しやすい条件

- イタリアンライグラスの混播の牧草地が隣接しているか周辺に水田があると、カメムシの発生が多くなる
- 現在、発生が見られるのは、渡島、檜山、胆振、日高地域である

害虫の特徴

- 成虫は体長 4.6〜6mm。体色は黄緑色で背面に橙赤色の条斑を伴う。触角、脚は赤色

（柿崎）

対策

- アカヒゲホソミドリカスミカメ（P.270）の防除に準じ、出穂期および出穂7日後の基幹防除と以降、追加防除を実施する

雌成虫（柿崎原図）

水稲 セジロウンカ

被害の様子

- 成虫・幼虫が茎葉から吸汁するため、登熟が抑制され減収するとともに、品質が低下することもある。また、排せつ物にすす病が発生する
- 甚発生の場合は、下葉が枯れ上がり、株全体が黄変し、下部から折損倒伏する

多発しやすい条件

- 道内では越冬せず、中国南部や日本の西南暖地から毎年不規則に飛来する
- 若いステージの稲を好み、飛来時期が早いほど水田への定着が良く、次世代の増殖率も高く、被害も大きくなる

（古川）

対策

- 発生予察情報に注意し、飛来成虫が多い場合、次世代の幼虫期にヒメトビウンカ（P.274）に準じた薬剤防除を行う

雌成虫（八谷原図）

害虫編／水稲

コブノメイガ

被害の様子

- 幼虫が止葉や次葉の葉身の左右両縁を糸でつづり合わせて葉を縦の筒状にし、その中で葉肉を食害する。食害部は表皮だけとなり白変する

多発しやすい条件

- 北海道では越冬せず、毎年7〜9月に本州以南から成虫が飛来する
- 飛来時期が早いほど、また飛来量が多いほど次世代が多発生し被害も大きいが、近年の多発はない

（古川）

対策

- 発生予察情報に注意し、幼虫の発生を観察する。多発が見られた場合は、発生初期に薬剤散布を行う

被害（小野寺原図）

イネキモグリバエ

被害の様子

- 幼虫が茎の芯部に潜入し、成長点付近を食害することで、傷もみや白ふが混在する穂となる
- 茎の芯部を食害するため、葉に裂け目を生じたり、変色する

多発しやすい条件

- 道南地方で局地的に多く見られる

害虫の特徴

- 成虫は体長3〜4mmで、全体に光沢がある黄色、目は大きく暗褐色、頭に黒紋、胸の背側に3本の太く黒い縦線がある
- 幼虫は脚のないウジ虫である。老熟幼虫は淡黄色で、体長は約8mm、尾端は2つに分かれる
- さなぎは体長約7mm、色彩は淡黄色である　（青木）

対策

- 窒素肥料の多用を避け、畔畔(けいはん)のイネ科雑草を除去する
- 育苗箱に薬剤を施用する

イネキモグリバエ
の被害（高田原図）

被害の様子

- 初め茎葉に寄生して吸汁する
- 出穂後は穂で群れをなして繁殖し、登熟中の養分を吸汁するため、1穂当たり7頭以上寄生すると子実は細くなり減収する
- ムギクビレアブラムシが葉裏中央からやや基部に群生して吸汁すると、巻き葉や縮葉となる
- ムギヒゲナガアブラムシは穂で群生・繁殖するが、葉で群生することはない

害虫の特徴

- ムギクビレアブラムシは体長2mm程度、体は平たい卵形。体色は前半部分が暗緑色で、後半部分が赤褐色
- ムギヒゲナガアブラムシは体長3mm程度、触角は長いが体長よりやや短め。体色は黄緑色〜赤褐色

ムギクビレアブラムシ（中尾原図）

ムギヒゲナガアブラムシ（鳥倉原図）

加害部位 穂、茎葉

加害時期 ムギクビレアブラムシ：春〜夏
ムギヒゲナガアブラムシ：出穂期〜黄熟期

似た害虫との見分け方

- ムギウスイロアブラムシは体長2.5mm前後、やや平たい紡錘（ぼうすい）形で、体色は淡黄色〜淡緑色、背中中央部に濃緑色の線がある。主に止め葉で増殖し、葉裏に集団で見られるが、穂には寄生しない

多発しやすい条件

- ムギクビレアブラムシは21〜25℃の低温域を、ムギヒゲナガアブラムシは25〜35℃の高温域を好む
- 出穂後20日間の降雨日数が少ないと多発傾向になる

（青木）

対策

- 出穂10日後ごろに登録薬剤を散布する

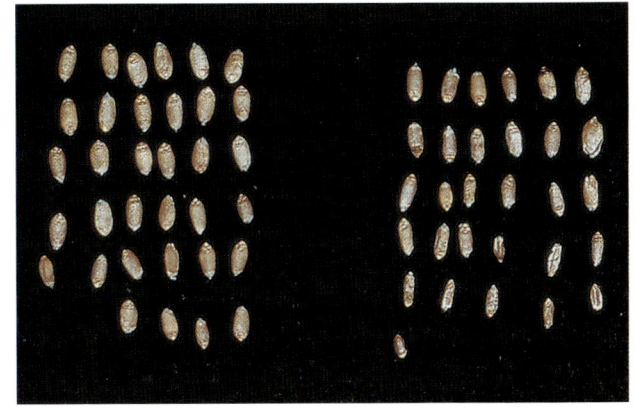

ムギヒゲナガアブラムシによる被害粒（左から健全、被害）
（兼平原図）

害虫編／麦類

ムギクロハモグリバエ

加害部位	葉
加害時期	第1回：6～7月 第2回：9～10月

被害の様子

- 幼虫が葉の内部を袋状に加害する。被害部は枯死するため、葉の先端付近が部分的に枯れる

似た害虫との見分け方

- ムギキベリハモグリバエ、キタムギハモグリバエは線状の潜り痕を残し、葉の内部でさなぎになる。本種は葉から脱出してさなぎになる

多発しやすい条件

- 高温・乾燥時に多発しやすい
- 発生量の年次変動が大きく、数年間の少発生の後に発生が増加することがある。これは天敵による高い寄生率の影響と思われる

（岩﨑）

対策

- 成虫が葉に残すかき傷（摂食・産卵痕）が半数以上の葉に認められ、幼虫による上位2葉の被害が秋まき小麦では16％、春まき小麦では12％程度に達した場合には茎葉散布を行う

葉の被害（岩﨑原図）

成虫による摂食・産卵痕（岩﨑原図）

ムギクロハモグリバエの成虫
（岩﨑原図）

麦 類

ムギキモグリバエ
（ムギカラバエ）

加害部位 茎、穂
加害時期 成虫発生期
　　　　　第1回：5月下旬〜7月上旬
　　　　　第2回：7月中旬〜8月下旬
　　　　　第3回：9月上旬〜10月中旬

被害の様子

- 幼虫が葉鞘から茎内に侵入し、節に近い柔らかい部分を食害するため、上部の茎稈は枯死して芯枯れや出穂不能になり、出穂しても白穂になる
- 一般に白穂や傷穂が目立つため注目されるが、主体になっているのは出穂不能、茎芯枯れ、稚苗期芯枯れなどで、有効穂数が減少するため収量への影響は大きい

多発しやすい条件

- 被害は春まき小麦、大麦で大きい
- 高温、少雨は産卵に好適である

（荻野）

成虫
（花田原図）

対策

- 春まき麦類は播種期が早いほど被害が少ないので、適期に播種する
- 防除適期は5月下旬〜6月中旬で、2〜3回防除する

被害とさなぎ（岩﨑原図）

白穂（梶野原図）

害虫編／麦類

ノシメマダラメイガ

加害部位	貯蔵穀物
加害時期	貯蔵中（収穫後）

被害の様子

- 幼虫が顆粒状の糞を排出するとともに、貯蔵中の穀粒を吐糸でつづって粒の外部から食害する他、加工後の穀粉も好む
- 幼虫はずんぐりとした円筒形で脚が目立たないため、一見するとウジ状に見えることがある

多発しやすい条件

- 穀物保管場所の温度が高いほど1世代を経過する期間が短くなり、多発生となる

（三宅）

幼虫（小野寺原図）

（対策）

- 穀物の低温貯蔵
- フェロモントラップなどを活用し、早期に発見する
- 貯蔵残さを清掃する
- 発生した倉庫を薫蒸する

成虫（三宅原図）

アワヨトウ

被害の様子

- ふ化幼虫は食害量が少ないため、多発時でも被害を見逃しがちである
- 麦類では成長とともに食害量は急速に増大し、主脈を残して階段状に食害するようになる。多発時にはほとんど葉を食い尽くし、穂をも加害する
- トウモロコシでは、圃場周辺部の雑草地や草地から侵入した幼虫によって食害が生じる

多発しやすい条件

- 北海道では越冬せず、中国大陸から成虫が突発的に飛来したときに発生する。多発時には体色はより黒くなる

（古川）

成虫（秋山原図）

対策

- 予察情報などに注意し、初期発見に努め、若齢期に茎葉散布を行う

幼虫（兼平原図）

害虫編／麦類・トウモロコシ

トビイロムナボソコメツキ

加害部位	種子、稚苗地下部
加害時期	発芽期、生育初期

被害の様子

- 幼虫（ハリガネムシ）が種子に食入するため、不発芽となる
- 発芽後に茎の地下部に食入すると、枯死するか、回復したとしても生育不良となる
- トウモロコシでの被害が目立つが、麦類でも生育不良、欠株が生じる

多発しやすい条件

- 草地跡で被害が発生しやすいが、幼虫期間が2年以上にわたるため、転換1年後より2年後の被害が大きく、その後、徐々に被害が減少する

（古川）

幼虫（古川原図）

飼料用トウモロコシ種子の被害
（古川原図）

対策

- 草地跡でのこれら作物の作付けを避ける
- トウモロコシは種子処理を行う

アブラムシ類
ムギクビレアブラムシ

加害部位 葉、雄穂、雌穂
加害時期 6〜9月

被害の様子

- 葉・雄穂・雌穂の包皮に発生が多い。雌穂へ寄生すると包皮内や実に混入するため、商品価値を消失する

害虫の特徴

- ムギクビレアブラムシは体長2mm程度、体形は平たい卵形をしている。体色は前半部分が暗緑色で、後半部分が赤褐色となる

似た害虫との見分け方

- トウモロコシアブラムシは体長2.5mm前後、紡錘形（ぼうすい）で、体色は青緑色をしている

多発しやすい条件

- ムギクビレアブラムシは21〜25℃の温度域を好む

（青木）

対策

- 雄穂抽出期以降に登録薬剤を散布する

ムギクビレアブラムシ（鳥倉原図）

害虫編／トウモロコシ

トウモロコシ　アワノメイガ

被害の様子

- 上位葉に小さな食痕を開け、やがて雄穂を食害する
- さらに食害が進むと、上部の茎に穴をあけて幼虫が食入し、その部分から糞やのこくず状のかみくずを排出する。そのため、食入部より上部は枯死し、風によって容易に折れる
- 雌穂では包皮の柔らかな部分や茎から食入して、実も食害する

多発しやすい条件

- 枯れ茎内で越冬するので、連作をすると密度が増加する

（青木）

対策

- 成虫の発生盛期前後に登録薬剤を散布する
- 被害茎を含む茎葉は、収穫終了後速やかに粉砕し、土壌にすき込む

アワノメイガ幼虫による茎被害と糞および食べくず
（青木原図）

アワノメイガ幼虫と被害
（岩﨑原図）

アワノメイガ幼虫の食入後の茎折れ
（青木原図）

ヤガ類

オオタバコガ、ヨトウガ、ショウブヨトウ類

加害部位	茎葉、雌穂
加害時期	オオタバコガ：主に7月以降 ヨトウガ：6～9月 ショウブヨトウ類：出芽直後～7月上旬

被害の様子

- オオタバコガは主に雌穂を食害して商品価値を消失させる
- ヨトウガは多発した場合、茎葉だけでなく雌穂も食害する
- ショウブヨトウ類は、地際部から茎内に穿入(せんにゅう)し、成長点を食べ、やがて植物体は枯死する

対策

- オオタバコガは、フェロモントラップで誘殺が確認された場合、雌穂の食害を防ぐため茎葉散布を実施する
- ヨトウガは、多発した場合に薬剤防除を実施する

多発しやすい条件

- オオタバコガは飛来性害虫であり、道外からの飛来量が多いと多発する
- ヨトウガは前年他作物で発生が多かった場合、トウモロコシで多発する可能性がある
- ショウブヨトウ類（キタショウブヨトウ）は、草地跡での栽培で多発する

（青木）

ヨトウガ幼虫による食害（青木原図）

オオタバコガの幼虫（青木原図）

キタショウブヨトウの幼虫（鳥倉原図）

害虫編／トウモロコシ

コガネムシ類

加害部位	葉
加害時期	7月上旬〜8月下旬

被害の様子

- 成虫が葉を食害し、網目状の食痕を付ける
- 新葉を好む
- マメコガネは、複数の成虫が同一葉に集まって食害することが多い

多発しやすい条件

- 葉の食害時期が早いほど減収となる

（三宅）

ヒメコガネ（鳥倉原図）

 対策

- 登録のある粒剤施用では成虫被害は抑えられない

マメコガネ（三宅原図）

ダイズシストセンチュウ

加害部位 根
加害時期 全生育期

被害の様子

- 生育が抑制され減収する
- 特に大豆では、7月中旬ごろから茎葉の黄化が顕著となり、寄生された株が目立つようになる
- 7月中旬以降、寄生された株を掘り上げると、根に直径1mm程度で白〜黄色の雌成虫や褐色のシスト（中に多数の卵を含む）を確認することができる

多発しやすい条件

- 大豆、小豆、菜豆を高頻度で栽培すると、高密度で土壌中に残存し、被害の危険性が高まる
- 乾燥年や透排水性の高い圃場で、被害が大きくなる傾向がある
（東岱）

対策

- 大豆、小豆、菜豆以外の作物で4年以上の輪作を行う
- 大豆では抵抗性品種を栽培する
- 播種前に薬剤を施用する

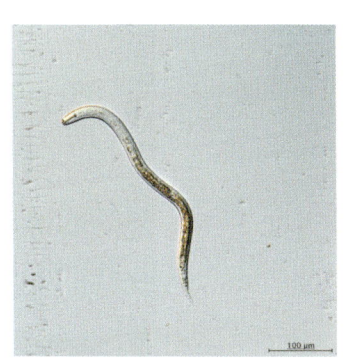

二期幼虫（東岱原図）

黄色の雌成虫
（東岱原図）

黄化した大豆の寄生株
（東岱原図）

害虫編／豆類共通

被害の様子

- 卵は葉に卵塊として（ヨトウムシ）あるいは1粒ずつ（モンキチョウほか）産み付けられる
- 卵からふ化した幼虫は最初小さな穴を開けて食害する。成育が進むと、不規則な網目状あるいは縁から大きく削り取ったような食痕をつくる

多発しやすい条件

- 夏季の高温は、成虫の産卵および幼虫の加害に好適である

ヒメアカタテハの幼虫（鳥倉原図）

モンキチョウの幼虫（鳥倉原図）

ヒメシロモンドクガの幼虫（鳥倉原図）

ツメクサガの幼虫（鳥倉原図）

ツメクサガの幼虫による小豆の被害（鳥倉原図）

各害虫の特徴と見分け方

- ●モンキチョウ：老熟幼虫の体長は約30mm、体色は緑色でモンシロチョウの幼虫に似ており、体表はビロード状である
- ●ヒメアカタテハ：老熟幼虫の体長は約40mm、頭部は黒色、胴部は黒褐色で黄白色〜灰白色の斑点がある。刺状突起は淡褐色でその分枝は黒褐色である
- ●ヒメシロモンドクガ：老熟幼虫の体長は約40mm、体色は黒褐色で腹背の第1〜4節に白色または黄色の歯ブラシ状の毛束がある。また頭部前方に黒色の2本の長い毛束を突出させる
- ●ツメクサガ：老熟幼虫の体長は約30mm、体色は緑色または暗色で、背面には7本の薄い線が走っている。葉の表面に多い

（荻野）

対策

- ●大豆では開花期からさや伸長期に葉を食害されると最も収量に影響する。この時期の食害葉面積率が20%に達すると約5%の減収となる
- ●大豆では要防除水準（大豆1個体当たりの幼虫頭数が開花期ごろに2頭、さや伸長期以降に3頭）を超える場合には、薬剤を散布する

タネバエ

加害部位 種子、胚軸
加害時期 5月上旬〜6月上旬
（播種後〜発芽期）

被害の様子

- 大豆、菜豆では、子実が土中にある間に子実や子実内部の初生葉が食害され、出芽展葉後の葉に損傷が認められたり、初生葉がなくなる "ボーズ" 症状を生じさせる。加害が激しい場合は成長点が完全に欠損して再生できなくなることもある
- 小豆では、土中の子実被害により出芽しなかったり、初生葉が欠損して胚軸のみの棒立ちになったりする。出芽後に土中の胚軸が被害を受けて、枯ちょうすることもある
- 大豆や菜豆でも、まれに胚軸被害による枯ちょうが生じる

多発しやすい条件

- 前作作物の残さの分解不足や春季に施用した有機質肥料などは、成虫の産卵を誘発する。播種時の土壌水分が過剰だったり発芽までの期間が長いと被害が多発しやすい

（岩﨑）

（対策）

- 土壌施用粒剤、種子塗沫剤（とまつ）の施用。種子塗沫剤は防除効果が高い
- 有機質肥料の春季施用を避けるなど、産卵を誘発しやすい圃場管理を避ける
- 播種は極力土壌の水分条件が良好な状態で行う

大豆初生葉の欠損
（岩﨑原図）

小豆の胚軸被害
（岩﨑原図）

大豆 カメムシ類

被害の様子

- 大豆に被害を与えるカメムシには複数の種類があり、このうちの主要種はエゾアオカメムシとナカグロカスミカメである
- 成虫または幼虫が、開花後に膨らんできた未熟さやを吸汁加害することにより、子実に刺し痕を付ける
- さやの外からは刺し痕が見えないため、被害に気が付くのは収穫後となる

多発しやすい条件

- 圃場周辺にある枯れ草や落葉の間で越冬し、被害が発生しやすい圃場は比較的固定している　　　（三宅）

対策

- 薬剤の茎葉散布を行う

エゾアオカメムシ（三宅原図）

ナカグロカスミカメ（三宅原図）

カメムシ類による被害子実（三宅原図）

害虫編／大豆

大豆

マメシンクイガ

加害部位 子実
加害時期 8月上旬〜9月上旬

被害の様子

- 成虫は未熟なさやの表面に産卵する。ふ化した幼虫はさやの内縫線付近から内部に侵入する
- 幼虫は未熟な子実を食害する。食害痕は初め子実の表面に針状の穴があく程度の大きさであるが、幼虫が生育するに従い、子実の縫合部に沿って溝状に拡大する
- そのため、子実は欠けた形状（口欠豆）となり、被害部は菌類の繁殖により黒く汚れる
- 幼虫は成熟すると体色が乳白色から赤色に変化し、さやの外に脱出した後、土中に潜って越冬する
- 被害子実は収穫後に選別除去が必要となり、収量も減少する。さらに、これらが除き切れず、製品に混入する品質被害も発生する

マメシンクイガの成虫（小野寺原図）

マメシンクイガの卵（小野寺原図）

多発しやすい条件

- 大豆を連作すると、発生密度が高くなる
- さやに毛茸<ruby>毛茸<rt>もうじ</rt></ruby>がない品種は産卵が少なく、被害も少ない

（小野寺）

- 連作を回避する
- 産卵初発期およびその10日後の2回に殺虫剤散布を実施すると効果が高い。散布開始時期は、大豆のさや伸長始め（2～3cm）およびフェロモントラップによる成虫の捕獲を目安にする。成虫の初発時期は、地方により8月上旬～下旬と幅がある

マメシンクイガの幼虫（小野寺原図）

被害子実（小野寺原図）

害虫編／大豆

大豆

ジャガイモヒゲナガアブラムシ

加害部位 葉（初生葉、本葉）、茎
加害時期 5月下旬（発芽後）〜7月下旬
8月中旬〜9月

被害の様子

- 成虫・幼虫とも葉（通常裏側）から吸汁する。加害部位は黄色い斑点として残る
- 吸汁による被害は北海道ではまれであり、大豆わい化ウイルス（SbDV）を媒介することが重要な問題である

多発しやすい条件

- 春季の気温が高く、降雨が少ないと多発する可能性がある。また冷夏の年には、夏に多発傾向となる
- 圃場周辺のクローバ類のウイルス保毒率が高いと、わい化病（P.65）が多くなる

有翅（ゆうし）虫（古川原図）

害虫の特徴

- ギシギシ類、クローバ類などに産まれた卵で越冬し、これが成虫となり、その次世代が5月下旬から作物に移動する。クローバ類で育ったものは、ウイルスを保毒している可能性が高い
- 北海道では、寄生部位に成虫とその周りに数頭の幼虫がいることが普通で、大きな集団を形成することはまれである。吸汁害が起こることはほとんどない。しかし、東北地方では8月下旬以降の多発生による吸汁で、早期枯葉することが認められている

（古川）

無翅虫（鳥倉原図）

大豆 ハムシ類

被害の様子

- ウリハムシモドキの幼虫は葉を網目状に食害する。加害が甚だしい場合は花、幼茎とも食害し、植物は黄変枯死する
- ウリハムシモドキの成虫は小円形の食痕をつくり、幼虫と同様に暴食する
- フタスジヒメハムシの幼虫は根粒を食害し、葉が縁から黄化する。加害が激しい場合は、芯葉まで黄色となり生育は不良となる
- フタスジヒメハムシの成虫は発芽〜本葉4、5葉期に発生し、子葉で表面を丸く深い皿状にえぐり、本葉では不整型な円孔を開けて食害する

多発しやすい条件

- ウリハムシモドキは周辺に放任雑草地、特にクローバ類がある環境で被害が大きくなる危険性が高い

（荻野）

対策

- 成虫が多数確認された場合には、薬剤を散布する

ウリハムシモドキの幼虫
（鳥倉原図）

ウリハムシモドキの成虫（鳥倉原図）

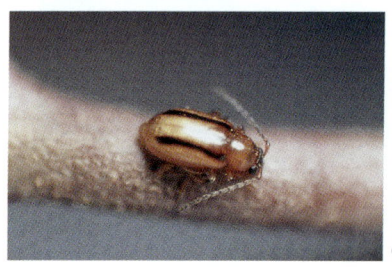

フタスジヒメハムシ
の成虫（鳥倉原図）

マメノメイガ

被害の様子

- 幼虫がさやの内部へ侵入し、子実を食害する
- 1頭の幼虫が移動しながら複数のさやを食害し、時には茎や葉柄へも侵入する
- 侵入時に食害した穴から外へ、褐色の糞を多量に排出する

多発しやすい条件

- 道内では露地越冬しないと考えられている

（三宅）

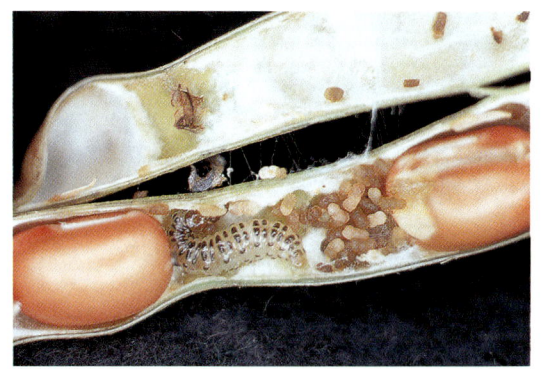

マメノメイガの幼虫（岩﨑原図）

マメノメイガの成虫（岩﨑原図）

対策

- 薬剤の茎葉散布を行う

ハダニ類

加害部位	葉（裏）
加害時期	6〜9月

被害の様子

- 葉裏に寄生し、吸汁する。葉の表面には、白いかすり状の小斑点が現れる
- 初めは下葉に寄生し、増殖を繰り返して次第に上葉に移動する

多発しやすい条件

- 高温・乾燥条件が続くと多発する傾向にある
- 密度が高くなると、生息場所に網のように糸を張るため、風雨から保護されて増殖がさらに早くなる

（齊藤）

対策

- 発育期間が短く、産卵数も多いため、密度が急激に高くなる。高密度になってからでは防除が難しいので早期発見に努める
- 高温乾燥条件が続いたり予測されたりする場合は発生に注意し、早期に薬剤散布を行う
- 薬剤抵抗性が発達しやすいので、同一薬剤の連用を避ける

小豆での多発（岩﨑原図）

菜豆に発生した小斑点（齊藤原図）

菜豆葉裏のナミハダニ（齊藤原図）

小豆

マメアブラムシ

被害の様子

- 若くて柔軟な成長部に寄生して吸汁加害する
- 発生が多い場合、茎葉を覆うように群がって寄生するため、排せつ物によって汚れる。葉が縮れたり茎葉が変色し、株が枯死する場合もある
- 生育後期に多発した場合、さやが屈曲して結実不十分となり、着莢も不十分で粒重も減少する

多発しやすい条件

- 高温で乾燥した天候のときに多発する傾向にある

（荻野）

対策

- 多寄生が確認された場合には、薬剤を散布する

マメアブラムシの寄生株（岩﨑原図）

害虫編／小豆

小豆

アズキノメイガ

被害の様子

- 幼虫がさやの内部へ侵入し、子実を食害する
- 1頭の幼虫が移動しながら複数のさやを食害し、時には茎や葉柄へも侵入する
- 侵入時に食害した穴から外へ、褐色の糞を多量に排出する

多発しやすい条件

- 越冬した幼虫がさなぎとなる際に水分が促進的に働くため、春季に高温・多雨の年は発生が早まり被害が助長される

（三宅）

対策

- 薬剤の茎葉散布を行う
- 圃場周辺の雑草を除去する

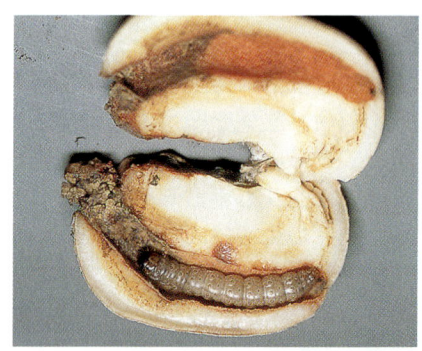

アズキノメイガの幼虫（鳥倉原図）

アズキノメイガの成虫（三宅原図）

小豆 マキバカスミカメ

被害の様子

- 未熟さやから吸汁する。伸長途中では、さやごと脱落する。さや内子実が肥大する前は、被害粒はしいなとなる
- 肥大の進んだ子実の場合は、種子の表面を針で刺したような吸汁被害粒となる

多発しやすい条件

- さまざまな植物を加害する。成虫の飛翔は非常に活発で、結実期など摂食に好適な状態の植物を目指して、さまざまな寄主植物間を移動する
- 畑作物ではジャガイモで発生量が多く、次いでてん菜、小豆で多い。また、マメ科牧草地、イヌガラシやナズナ群落などで多く見つかる。小豆と隣接してこのような植生があると、発生が多くなると考えられる

（古川）

対策

- 開花始め25 ～ 26日後に茎葉散布を行う

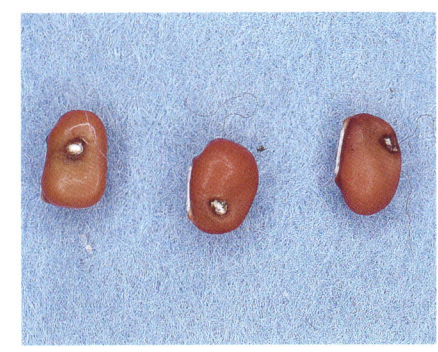

被害粒（岩﨑原図）

成虫（鳥倉原図）

害虫編／小豆

小 豆

アズキゾウムシ

被害の様子

- 幼虫が子実の内部を加害する
- 内部で羽化した成虫が脱出する際に、子実に直径2mm程度の穴をあける

多発しやすい条件

- 幼虫は野外での越冬が困難と思われる
- 貯蔵子実では世代を繰り返して被害を増加させる
- 野外での寄生は、貯蔵子実から羽化して圃場に飛来した成虫による小豆さやへの産卵によって始まる

（岩﨑）

被害子実と成虫（岩﨑原図）

対策

- 圃場での防除薬剤の登録はなく、収穫子実の適正な保管や成虫の野外への逸出阻止が主要な対策となる
- 被害子実は冷凍処理するなど適正に処分し、子実から脱出した成虫が圃場に移動しないようにする

さや（菜豆）上の成虫（岩﨑原図）

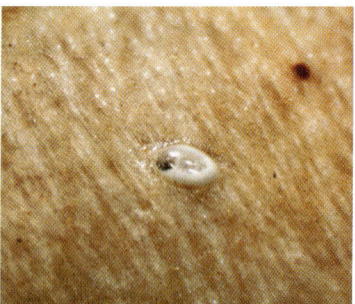

小豆さやに付着した卵（岩﨑原図）

菜豆　インゲンマメゾウムシ

被害の様子

- 菜豆圃場に飛来した成虫がさやの内部に産卵して、ふ化した幼虫が収穫前に子実内部へ侵入して食害する
- ふ化幼虫が子実へ侵入する時に、削りかすがごくわずかに外部へこぼれる
- 子実内部の幼虫を観察することは困難なため、被害の確認は子実中で羽化した成虫が表皮に約2mmの丸い穴をあけて脱出した後となることが多い
- 播種後に余った菜豆子実、または収穫後に貯蔵中の子実で増殖することも多い

多発しやすい条件

- 7〜9月の気温が高い年は、さやの内部で子実に侵入した幼虫の生育期間が短くなるため、被害が助長される傾向にある

(三宅)

対策

- 播種後に余った菜豆子実は速やかに処分する
- 収穫後に菜豆子実を保管する場所は、可能な限り低温になるようにするとともに、時々寄生の有無を確認する
- 本種の発生が観察された時は、成虫が飛翔して分散しない方法で処分する
- 栽培期間中に茎葉散布を行う

インゲンマメゾウムシ(三宅原図)

インゲンマメゾウムシによる被害子実(三宅原図)

害虫編／菜豆

馬鈴しょ　アブラムシ類

被害の様子

- ジャガイモヒゲナガアブラムシ、モモアカアブラムシ、ワタアブラムシの3種が主に寄生する
- 生育期間中は、単為生殖で雌成虫だけで幼虫を産み、増殖する。主に葉裏に寄生し、植物体から吸汁する
- 吸汁による直接的被害と、葉巻病やYモザイク病などのウイルス病の媒介による間接的被害がある
- 吸汁害は、ワタアブラムシが異常多発した場合に発生するが、ウイルス病の媒介の方が重要である

多発しやすい条件

- 20～25℃が発生に好適で、高温・少雨条件が増殖に好適である
- アブラムシの種類によって効果のある薬剤が異なり、その選択を誤ると、かえって増殖を招く場合があるので、防除に当たっては発生種を確認する
- 多発した場合、葉の萎縮や排せつ物による葉の汚れが観察される

害虫の特徴

　アブラムシの成虫には、翅のある有翅虫と翅を持たない無翅虫がある。以下に、圃場での増殖の主体である無翅虫の特徴を示した。

ジャガイモヒゲナガアブラムシ

- 緑～黄緑色で、体長は2mm強。体より長い触角を持つ。比較的早期から発生が見られる。本種の集中した吸汁により葉が萎縮することがある。類似種にチューリップヒゲナガアブラムシがいるが、大型（3mm）で細長く、体色は青緑色

モモアカアブラムシ

- 暗赤色の個体が多いが、まれに緑色もいる。体長は2mm弱。触角は体とほぼ同じくらいの長さ

ワタアブラムシ

- 黄色と暗緑色～黒色の2型が混在する。小型で体長1.3mm、触角は体より短い。腹部の先端のツノ（角状管）は黒色。馬鈴しょの下位葉に集中的に寄生して増殖する。有翅虫になる幼虫は体表に白粉をかぶる

（柿崎）

ジャガイモヒゲナガアブラムシ（鳥倉原図）

対策

- 播種時に粒剤施用を行う
- 葉の裏の寄生状況を観察し、多発に至る前に茎葉散布を行う

モモアカブラムシ（鳥倉原図）

ワタアブラムシ（鳥倉原図）

害虫編／馬鈴しょ

馬鈴しょ　ナストビハムシ

被害の様子

- 越冬成虫は葉を食べ、直形1〜2mmの小さな食痕を残す。ただし成虫による食害は、あまり問題にならない
- 成虫は刺激すると勢いよく飛び跳ねて逃げる
- 幼虫は地中のストロンや肥大期の塊茎を食害する。塊茎に侵入すると、表皮から約5mmまでの浅い所にくさび形、とげ状、あるいは糸状のコルク化した食痕をつくる
- 幼虫による被害が多いと、塊茎の表面にあばた状の傷をつくるため、品質的な被害が大きい。

多発しやすい条件

- 林地に近い山間部や防風林の近くで多い
- 高温・乾燥条件は成虫の活動に適し、発生を助長する
（小野寺）

葉の食害(小野寺原図)

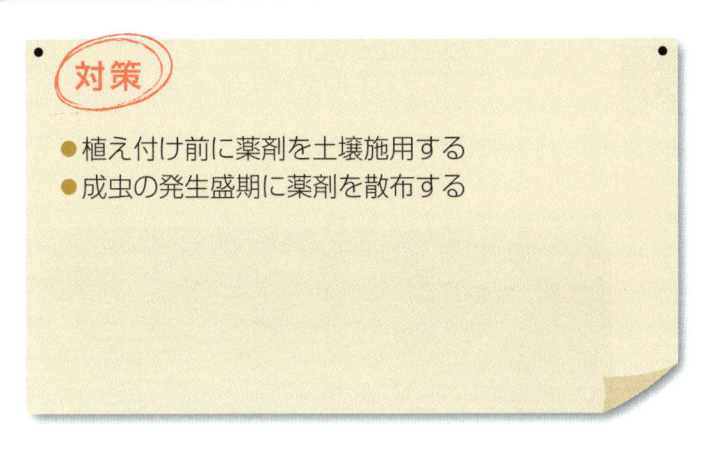

対策

● 植え付け前に薬剤を土壌施用する
● 成虫の発生盛期に薬剤を散布する

幼虫（小野寺原図）

成虫（小野寺原図）

被害塊茎（小野寺原図）

馬鈴しょ ハリガネムシ類

加害部位 塊茎
加害時期 塊茎肥大期

被害の様子

- ハリガネムシとは、トビイロムナボソコメツキ、マルクビクシコメツキ、コガネコメツキなどのコメツキムシ類の幼虫の総称である
- ハリガネムシは塊茎に食い込み、食害する
- 植え付け後の種いもが加害された場合は、発芽が阻害される場合がある
- 新塊茎が加害された場合は、表面に直径5mm超の穴をあけ、内部に深い線状の食痕を残す
- 被害はスポット状に現れ、圃場全面が一様に加害されることはまれである

多発しやすい条件

- 牧草跡地は生息密度が高い傾向にある
- 1世代の経過に2 ～ 3年を要するため、同一圃場で2年連続して被害が発生する場合がある

（三宅）

トビイロムナボソコメツキ幼虫（三宅原図）

トビイロムナボソコメツキ幼虫と被害塊茎（三宅原図）

コガネコメツキの幼虫による被害（鳥倉原図）

害虫編／馬鈴しょ

馬鈴しょ ／ ジャガイモシストセンチュウ

被害の様子

- 根に寄生し、養水分の吸収を妨げる。被害が大きいときは、収量が半分以下になる場合もある
- 密度が高い圃場では、7月中旬の開花期ごろから葉のしおれや黄化が始まる。8月中旬ごろには葉の枯れが下葉から中葉に至り、いわゆる「毛ばたき」症状となる
- 圃場への侵入の初期は、密度が高い場所にだけ症状が見られるが、いずれ圃場全面に拡大する。早期発見のため、圃場観察に努める
- 幼虫は肉眼による確認が困難である。根に侵入した雌は成長とともに肥大し、根の表面に露出する。7月中旬ごろには、球形で黄色の雌成虫となり、肉眼でも確認できる
- 雌成虫は成熟すると体内に数百もの卵を抱え、褐色のシストとなって根から離脱する。卵は10年以上にわたって生存可能であり、翌年以降の発生源となる
- 一度発生すると根絶は困難である

多発しやすい条件

- 高温・乾燥年は、茎葉の症状が目立つ

（小野寺）

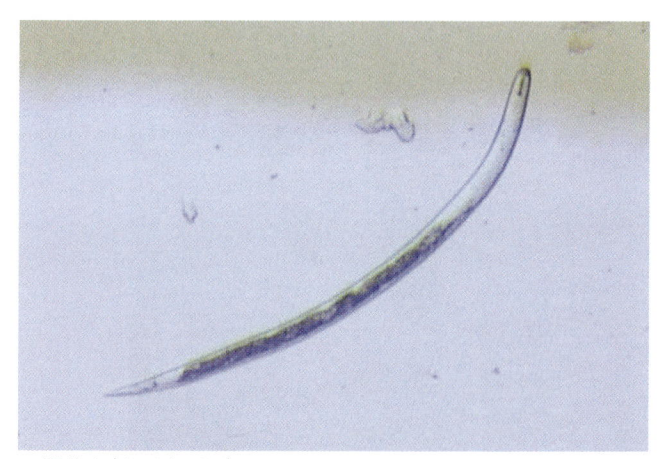

2期幼虫（小野寺原図）

- 正規の種いもを使用する
- 作業機械は圃場間を移動する際に洗浄するなど、侵入防止およびまん延防止に努める
- 輪作を実施する
- 抵抗性品種や殺線虫剤を利用する

雌成虫(小野寺原図)

シスト(小野寺原図)

しおれ株(小野寺原図)

馬鈴しょ ジャガイモシロシストセンチュウ

加害部位 根
加害時期 全生育期

被害の様子

- 国内では初めて、2015年にオホーツク地方で発生が確認された
- 根に寄生し、養水分の吸収を妨げる。形態、生態および被害の経過はジャガイモシストセンチュウ（P.318）とよく似ている
- 7月中旬ごろ、肉眼により根の表面に球形で乳白色の雌成虫が確認できる。ジャガイモシストセンチュウの雌成虫の色は、白色〜黄色を経過するのに対し、本種は白色のままである

多発しやすい条件

- 高温・乾燥年は、茎葉の症状が目立つ

（小野寺）

対策

- ジャガイモシストセンチュウと同様に侵入防止対策に努める
- 発生が確認された地域では、2016年秋から農水省令による緊急防除が実施されているので、その指示に従う

卵（小野寺原図）

雌成虫（小野寺原図）

馬鈴しょ　オオニジュウヤホシテントウ

被害の様子

- 成虫および幼虫ともに葉を食害し、表皮と葉脈を残して網目状の食痕を残す
- 幼虫による被害が大きい
- 成虫は半球形、朱肉色のテントウムシで、背部に28個の黒い紋がある。幼虫は黄緑色で、背中に枝分かれしたとげが多数ある

（小野寺）

対策

- 幼虫発生期の6月下旬ごろに薬剤を散布する

幼虫（小野寺原図）

成虫（小野寺原図）

葉の食害（小野寺原図）

害虫編／馬鈴しょ

ヨトウガ(ヨトウムシ)

加害部位	葉
加害時期	第1回:7月
	第2回:8月下旬～9月

被害の様子

- 卵は数十～百数十粒の卵塊として、葉の裏に産み付けられる。ふ化した幼虫はしばらく卵塊付近にとどまるが、成長するに従い、周囲の株へ分散していく
- 若い幼虫は、葉の表皮を残して裏側を食べる。やや成長すると、葉の表面も食害し、網目状の不規則な食痕をつくる。さらに成長すると、食害量は急激に増え、大型の食痕を残す
- 幼虫が多発すると、葉は食い尽くされ、株は葉脈だけとなる
- 幼虫期の後半、日中は株の根際や芯葉に潜み、夜間に葉を食害する

多発しやすい条件

- 通常、第1回より第2回の発生量が多い
- 高温・少雨で産卵が活発になる
- 幼虫は乾燥に弱く、適度な降雨により生存率が高まる

(小野寺)

成虫(小野寺原図)

- 卵のふ化時期に薬剤を散布する
- 被害株率が50％に達した時期を目安に散布を開始すると効果的である。その場合、第1回に対する散布は1回でよい
- アシグロハモグリバエとの同時防除を狙い、7月中旬に昆虫成長制御剤（IGR剤）を散布すると、ヨトウガの第2回にも効果がある

幼虫（小野寺原図）

卵塊（小野寺原図）

食害株（小野寺原図）

害虫編／てん菜

てん菜

テンサイモグリハナバエ

被害の様子

- 幼虫は葉の内部を食害し、袋状の潜り痕を形成する
- 初期には複数の幼虫が一緒に加害するが、新たな葉に移動した幼虫が単独で加害することもある

多発しやすい条件

- 近年は全道的に少発生傾向が続いており、発生密度は低く推移している　　　　　　　　　　　　　　（岩﨑）

対策

- 薬剤の茎葉散布もしくは苗床かん注
- 葉数が12枚程度の時期の被害葉率12%（10株当たり14枚程度に相当）という被害許容水準が設定されている。このレベルに達するような多発生とならない限り、防除は不要である

被害と幼虫（岩﨑原図）

卵（岩﨑原図）

成虫（岩﨑原図）

テンサイトビハムシ

被害の様子

- 越冬成虫がてん菜移植後または直播てん菜の発芽後、圃場に飛来し子葉や若葉を食害する。成虫は、葉裏の表皮を残して小さい円形の穴を点々とあける
- この食痕はてん菜の成長に伴い表皮が破れて穴があき、食害痕として残る。初期被害は奇形葉となることもある

多発しやすい条件

- ササやぶの落ち葉の下やイネ科牧草の株元で成虫越冬するので、そのような環境が周辺にある圃場で被害が多い
- 春季の高温・少雨は成虫の移動や加害活動に好適である

（古川）

対策

- 薬剤の育苗ポットかん注あるいは茎葉散布を行う
- 直播栽培では薬剤の種子処理を行う

成虫（秋山原図）

カメノコハムシ

加害部位 葉
加害時期 6〜7月

被害の様子

- 成虫、幼虫とも葉を食害する
- 加害初期は葉裏の表皮を残し食害するが、やがて食痕が大きくなり、葉は網目状となる。ついには葉脈だけが残る

多発しやすい条件

- シロザが第1次発生源で、越冬成虫は6月ごろ、シロザに産卵する。ふ化した幼虫はシロザを食べ成長し、そこからてん菜に移動するため被害が広がっていく
- 圃場内・周辺のシロザが多いと、多発生につながる

（古川）

対策

- 圃場および周辺のシロザを除去する
- 幼虫発生期に薬剤の茎葉散布を行う

成虫（鳥倉原図）

幼虫（鳥倉原図）

てん菜 ハダニ類

被害の様子

- 5月下旬ごろから、牧草地、雑草地のクローバなどからナミハダニとカンザワハダニが侵入し、葉に白い微細な小斑点を付ける
- 6、7月は密度が低く、被害も目立たない
- 8月に入ると高温により急激に密度が上昇し、中旬ごろから黄化が目立つようになる。さらに加害が進むと葉先から枯れていく

多発しやすい条件

- 高温・乾燥条件が続くと多発する傾向がある

（齊藤）

対策

- 高温乾燥条件が続いたり予測されたりする場合は発生に注意し、早期（7月下旬〜8月初め）に薬剤散布を行う
- 薬剤抵抗性が発達しやすいので、同一薬剤の連用を避ける

ナミハダニによる葉の黄化（三宅原図）

害虫編／てん菜

てん菜

マキバカスミカメ

被害の様子

- 生育初期に成長点を吸汁加害されることにより、葉数が異常に増えることがある
- 夏季には吸汁により、太い葉脈の内部が黒変して暗褐色の汁液が染み出たり、葉の先端部が萎凋する

多発しやすい条件

- 成虫は活発に移動し、開花、結実した多様な植物を渡り歩く
- 圃場内や周辺にイヌガラシ、ナズナ、ヒメスイバなどの雑草が多いと多発する。てん菜圃場内でも増殖しているようである　　　　　　　　　　　　　（岩﨑）

夏季吸汁による葉先のしおれ（岩﨑原図）

対策

- 本種に対する登録薬剤はない。圃場周辺の雑草を管理し、成虫の侵入を減らす

吸汁による暗褐色の汁液（岩﨑原図）

マキバカスミカメの成虫（岩﨑原図）

てん菜　アブラムシ類

被害の様子

- 主要種はモモアカアブラムシとマメクロアブラムシであり、群生して吸汁する
- モモアカアブラムシの吸汁で実害は生じないが、媒介するテンサイ西部萎黄病（P.100）の病原ウイルス（BWYV）に感染すると糖量が減少する
- マメクロアブラムシは高密度のコロニーを形成するため、被害株が黒く見えることもあるが、一部の株に偏在することが多い。ウイルス病媒介への関与は確認されていないため、寄生による影響は軽微である

多発しやすい条件

- モモアカアブラムシは無加温を含む冬季被覆ハウス内部で越冬することから、冬季間にこれらの施設内部の雑草や作物残さを放置した場合には多発する傾向がある
（三宅）

対策

- てん菜に寄生するモモアカアブラムシの密度を抑制するためには、冬季間に、無加温を含む冬季被覆ハウス内部の雑草と作物残さを除去する

マメクロアブラムシ(三宅原図)

モモアカアブラムシ(三宅原図)

害虫編／てん菜

てん菜　シロオビノメイガ

被害の様子

- 幼虫は葉の裏面から加害する
- 被害部は上皮が窓のように残る。この上皮は時間の経過に伴って褐色に変色する
- 激発すると太い葉脈を残して葉を暴食することもある

多発しやすい条件

- 成虫の飛来が早く、飛来量が多いこと、加えて飛来後の7〜9月の期間が高温に経過することが多発の条件と考えられる

(岩﨑)

被害(岩﨑原図)

対策

- 発生初期から昆虫成長制御剤（IGR剤）を散布する。合成ピレスロイド、有機リン系薬剤の効果は高くない

シロオビノメイガの
幼虫(岩﨑原図)

シロオビノメイガの
成虫(岩﨑原図)

アシグロハモグリバエ

被害の様子

- 幼虫が葉に潜り、葉脈沿いに集中する線状の潜り痕を残す。高密度で発生すると、成虫が残す径1mm程度で白色の摂食・産卵痕が葉面に多数認められるとともに、多くの幼虫の加害により葉の基部から中肋付近に集中した潜り痕によって葉が枯死する

多発しやすい条件

- 本種は休眠性を示さず、野外では越冬ができない。ビニールハウスなどの施設内で越冬し、3月以降増加して6月ごろからハウス外に逸出した成虫から加害が始まる
（岩﨑）

アシグロハモグリバエ成虫
（岩﨑原図）

対策

- 発生初期（低密度時）からの昆虫成長制御剤（IGR剤）を主体とする殺虫剤散布を行う
- 越冬している施設内では、春季の低密度時からIGR剤などによる防除を行い、密度を高めないようにする

てん菜の被害（岩﨑原図）

ツマグロアオカスミカメ

被害の様子

- 春季に幼虫が成長点付近を加害する。被害部には当初、口吻の刺傷により生じた小さな穴が散生する。この穴は展葉に伴う拡大で大きな穴になり、被害葉は穴だらけになる
- 葉脈上の吸汁部から暗褐色の汁液が染み出る

多発しやすい条件

- 卵で越冬するため、前年8月以降に圃場内の前作作物や雑草などで多発生した場合に翌年のてん菜被害が多くなると考えられる

似た害虫との見分け方

- マキバカスミカメ（P.328）は体色が淡褐色で、背面にハート型の白斑を持つ。同種は葉を穴だらけにすることはない

（岩﨑）

対策

- てん菜の本種被害に対する登録薬剤はない

ツマグロアオカスミカメの成虫
（岩﨑原図）

被害葉と幼虫（岩﨑原図）

ヒラズハナアザミウマ

被害の様子

- 開花から数日以内に雌成虫がさやへ産卵する。産卵部分やその周辺部がやや隆起して「白ぶくれ症状」あるいは「火ぶくれ症状」を呈することにより、商品価値が低下する

多発しやすい条件

- 圃場周辺にクローバ類など花が咲いている牧草や雑草があると、そこが発生源となり、飛来・侵入してくる

（柿崎）

対策

- 黄色粘着板などによるモニタリングで成虫の発生を把握して、薬剤の茎葉散布を実施する

雌成虫（中尾原図）

さやの被害（鳥倉原図）

被害の様子

- 幼虫が葉の中を線状に食害し、潜り痕（マイン）をつくる。葉への寄生が甚だしい場合には、葉全体が白くなり、葉が枯れ上がるなど、さやえんどうの生育に大きな影響を与える
- 発生が多い場合には、さや（果実）のがく部分にも寄生が見られ、商品価値を低下させる

多発しやすい条件

- 本種は道内のほとんどの地域で野外越冬が困難で、主に道外からの成虫の飛来により発生すると考えられている。道南地域の一部では、マルチの下などで幼虫またはさなぎでの越冬が確認されている

（柿崎）

成虫痕の付いた新梢葉（柿崎原図）

- 新梢先端の上位３葉までの成虫痕（食痕および産卵痕）の発生を確認したら、茎葉散布を実施する
- 生育初期（出芽後～本葉１～２葉期）に粒剤の株元散布を行う

がくの被害果（柿崎原図）

葉の被害（柿崎原図）

ナス科　アザミウマ類

被害の様子

- ナス科に寄生するアザミウマの主要な種類は、ミカンキイロアザミウマとヒラズハナアザミウマである
- トマトでは下位葉に寄生が多く、葉表には斑点、葉裏は銀色に光って見えるシルバリングの症状となる
- 花には成虫が寄生し、果実が成長すると産卵痕が白ぶくれ症状となる。果実が着色すると、産卵痕は褐点となる
- ミニトマトでは金粉症状を示す
- ピーマンでは、芽と花に多く寄生し、葉は縮れなどの症状を示し、果実はがくで褐色のかすり症状となる
- ミカンキイロアザミウマはトマト黄化えそウイルスを媒介する

多発しやすい条件

- 虫が寄生した苗の持ち込みやハウス内雑草が発生源となる
- 高温・乾燥条件で多発する

（青木）

ミカンキイロアザミウマ（中尾原図）

対策

- ミカンキイロアザミウマは特に合成ピレスロイド系の薬剤への抵抗性が発達しているため、薬剤の選定に注意する
- ミカンキイロアザミウマに対しては、天敵製剤（ククメリスカブリダニ）や微生物製剤が有効である
- ミカンキイロアザミウマは、冬季間にハウスの天井ビニールを剥がすことで越冬を阻止できる

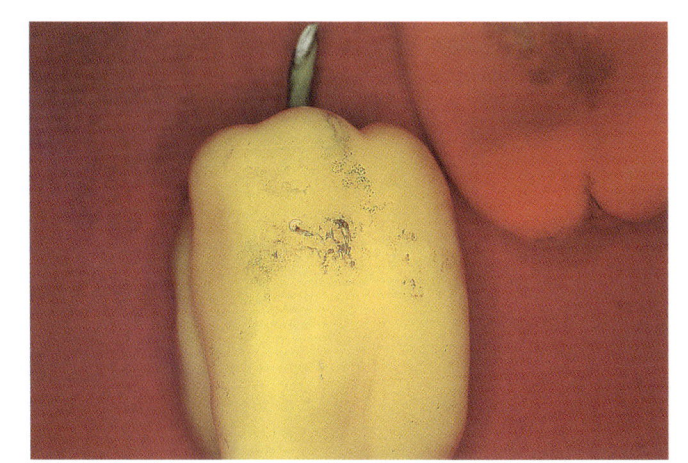

ミカンキイロアザミウマによるカラーピーマンの被害（中尾原図）

ミカンキイロアザミウマによるミニトマトの金粉症状（鳥倉原図）

ナス科　ハモグリバエ類

被害の様子

- ナス科野菜にはアシグロハモグリバエ、ナスハモグリバエの2種が加害する
- 両種とも葉脈沿いに集中する線状の潜り痕を葉に形成する

多発しやすい条件

- 高温・乾燥条件で多発する
- 施設内でのみ越冬するアシグロハモグリバエは、冬季にも被覆を継続したビニールハウスでの発生が多い

害虫の特徴と見分け方

- 被害での両種の識別はできない
- 体（胸部）側面の色彩は、アシグロハモグリバエが黒、ナスハモグリバエでは黄色が優占する

(岩﨑)

ナスハモグリバエによるトマトの被害（岩﨑原図）

アシグロハモグリバエによるトマトの被害（岩﨑原図）

- 定植時の土壌施用粒剤の処理および栽培中の薬剤の茎葉散布を実施する
- アシグロハモグリバエは、薬剤に対する抵抗性が発達しているので、薬剤の選択には注意が必要である
- 発生初期の密度が高まっていない時期に、ベンゾイル尿素系薬剤などの効果的な薬剤による防除を開始する

ナスハモグリバエの成虫（岩﨑原図）

害虫編／ナス科

ナス科 アブラムシ類

被害の様子

- ワタアブラムシ、モモアカアブラムシ、ジャガイモヒゲナガアブラムシの3種が主な寄生種である
- 新葉や葉裏に寄生し、汁液を吸汁する
- これら3種のアブラムシ類はモザイク病や条斑病など各種ウイルス病を媒介する

多発しやすい条件

- 寄生した苗の持ち込み
- 高温・少雨条件で多発しやすい。特に施設栽培では発生が早く、多発しやすい

- 冬季間、施設内に雑草を残しておくと越冬場所になり翌年の発生が早くなる。また、ウイルス病の感染源にもなりやすい （青木）

対策

- 種苗管理を徹底し、アブラムシ類が寄生していない苗を使用する
- 寄生初期に防除を実施する。種によって薬剤に対する感受性が異なるため、薬剤の選択に注意する

ワタアブラムシ（鳥倉原図）

モモアカアブラムシ（鳥倉原図）

ジャガイモヒゲナガアブラムシ（鳥倉原図）

オンシツコナジラミ

加害部位 葉
加害時期 全生育期

被害の様子

- 成虫・幼虫とも葉裏に群生して吸汁する
- 吸汁による直接の被害はほとんどないが、排せつ物が葉や果実にかかるとすす病が発生し黒く汚れることがある

多発しやすい条件

- 北海道の野外での越冬が難しいため、施設内の花きや雑草などで越冬する
- 育苗中から寄生されると密度が急激に上昇する

害虫の特徴

- 成虫は体長1.5mm程度で、白色のチョウのように見える
- 幼虫は淡い黄緑色で、0.3〜0.8mmの平らな楕円型である

（齊藤）

対策

- ハウスや温室内の除草を実施する。特に秋季の除草は越冬源の抑制に有効である
- 成虫・幼虫・卵が混在すると防除効果が低下するので、成虫の発生に気付いたら早めに防除する

成虫および卵（齊藤原図）

幼虫（齊藤原図）

サツマイモネコブセンチュウ

加害部位 根
加害時期 全生育期

被害の様子

- 根にこぶが数珠状に連続し、著しいものは異常に肥大し、さつまいも状となる
- 定植1〜2カ月ごろからしおれが目立つようになり、密度が高いとかん水しても回復せず、やがて黄変して枯れ上がる

サツマイモネコブセンチュウによるトマトの被害（水越原図）

多発しやすい条件

- 北海道では施設栽培でのみ発生する
- 寄生した苗の持ち込みが発生原因となる

似た害虫との見分け方

- キタネコブセンチュウによるこぶは丸く小さく、こぶからひげ根が出る　　　　　　　　　（青木）

対策

- ネコブセンチュウ抵抗性品種を利用する。連作すると抵抗性打破系統が出現するので、他の防除法も併用する
- マリーゴールド、ギニアグラス、ソルガムなどの対抗植物を栽培して線虫密度を低減させる
- 露地では越冬できないので、冬季間のビニールハウス天井被覆の除去が密度低減に有効である
- 盛夏期に施設を密閉して、たん水処理とビニールマルチにより太陽熱消毒を行う
- 定植前に薬剤の土壌処理を実施する

ナス科 オオタバコガ

被害の様子

- 幼虫は葉、芽、花弁などを食害し、老熟幼虫は果実に穿孔・食入する

多発しやすい条件

- 道外からの飛来性害虫であるため、飛来数が多いと多発する

（青木）

対策

- 幼虫は植物体内に食入するため、被害確認後の薬剤散布では防除効果が得られにくい。そのためフェロモントラップで誘殺が確認された場合、ふ化幼虫を対象とした薬剤防除を実施する
- 薬剤抵抗性が発達しているため、薬剤の選択に注意する
- 摘芯や摘果したわき芽や幼果には卵や若齢幼虫が付いていることがあるため、放置せず適切に処分する。また被害果内部にも幼虫が食入していることがあるので、同様に処分する

幼虫（青木原図）

フェロモントラップに誘殺された雄成虫（青木原図）

害虫編／ナス科

ナス科 シクラメンホコリダニ チャノホコリダニ

加害部位 葉、芽
加害時期 不定

被害の様子

- 体長0.2mm程度のごく小さなダニが成長点や芽の内部に寄生する
- 縮葉や芯止まり、花芽の欠損などを引き起こす
- 果実のがく周辺が茶褐色～黒色に変色、硬化する

害虫の特徴

- 非常に小さいため、肉眼での確認は困難である
- 好適な温度条件下では、約7日で卵から成虫まで生育する
- シクラメンホコリダニは北海道の野外で越冬するが、チャノホコリダニは越冬が確認されていない

多発しやすい条件

- どちらの種も高湿（湿度80～90%）を好む
- 発育に好適な温度はシクラメンホコリダニで15～27℃、チャノホコリダニは15～20℃である

(齊藤)

シクラメンホコリダニによる花芽、幼果の被害(中尾原図)

対策

- 苗による持ち込みを防止する
- チャノホコリダニは野外で越冬できないので、加温・無加温ハウス・温室内の花きや雑草などで、越冬状況を確認する
- これらの施設で育苗する場合は苗に寄生する可能性があるので注意する
- 最初は圃場の一部の株に被害が出て、その後拡大していくため、初発に注意し少発生のうちに防除を徹底する

シクラメンホコリダニによるピーマン果実の被害
（中尾原図）

シクラメンホコリダニ
（齊藤原図）

チャノホコリダニによるししとうの被害
（齊藤原図）

トマトサビダニ

加害部位 茎・葉・果実
加害時期 全生育期

被害の様子

- 特にトマトで発生する。下位葉から被害が見られる
- 葉裏が銀色に光沢を帯び、内側にカールして先端から黄変し落葉する
- 生息密度が高まると株が枯れ上がり、果実も褐変して表面に多数の亀裂が生じる

害虫の特徴

- 体長は0.2mm程度なので肉眼では確認できない
- 好適条件下では約7日で卵から成虫まで生育する
- 低温に弱いため、北海道では野外で越冬できない

多発しやすい条件

- 27℃前後の暖かく乾燥した条件で多発する
- 施設栽培で主に発生し、露地栽培では少ない

（齊藤）

果実の褐変と亀裂（小松原図）

対策

● 苗による持ち込みを防止する
● 初期の発生は局所的であるが、管理作業などで周りの株に広がるため、早めに薬剤による防除を行う

寄生により枯れ上がったミニトマト（三宅原図）

トマトサビダニ（小松原図）

害虫編／ナス科

ナス科 コナダニ類

加害部位 葉
加害時期 育苗期

被害の様子
- 発芽時に加害されると苗が萎縮して生育が止まる
- 育苗期に寄生すると葉が光沢を帯び、退色して奇形となり生育が悪くなる

害虫の特徴
- 卵から成虫までに要する期間が短い
- 高湿度条件を好む

多発しやすい条件
- 保温資材として稲わらやもみ殻を使い、加温した育苗床で多発しやすい
- 育苗土に未熟有機質を使用すると発生しやすい
- 種によっては土壌に生える藻類も餌として利用する

（齊藤）

対策
- 育苗ハウスなどに稲わらやもみ殻などを持ち込まない
- 藻類の発生を防ぐため、土壌を過湿にし過ぎない

ピーマン苗の被害（中尾原図）

ケナガコナダニ（中尾原図）

サツマイモネコブセンチュウ

加害部位 根
加害時期 全生育期

被害の様子

- 根にこぶが数珠状に連続し、著しいものは異常に肥大し、さつまいも状となる
- 定植1〜2カ月ごろからしおれが目立つようになり、密度が高いとかん水しても回復せず、やがて黄変して枯れ上がる

多発しやすい条件

- 北海道では施設栽培でのみ発生する
- 寄生した苗の持ち込みが発生源となる

似た害虫との見分け方

- キタネコブセンチュウによるこぶは丸く小さく、こぶからひげ根が出る

(青木)

サツマイモネコブセンチュウによるメロンの被害（青木原図）

対策

- マリーゴールド、ギニアグラス、ソルガムなどの対抗植物を栽培して線虫密度を低減させる
- 冬季間のビニールハウス天井被覆の除去は密度低減に有効である
- 盛夏季に太陽熱消毒を行う
- 定植前に薬剤を土壌混和する

害虫編／ウリ類

ウリ類　アブラムシ類

被害の様子

- ワタアブラムシ、モモアカアブラムシ、ジャガイモヒゲナガアブラムシの3種が主な寄生種である
- ワタアブラムシは特に増殖が早く、葉裏一面に群生するようになる
- 吸汁害によって茎葉が萎凋し、排せつ物（甘露）によって葉や果実が黒く汚れるすす病が発生する
- モモアカアブラムシ、ジャガイモヒゲナガアブラムシの寄生密度はそれほど高まらず、直接の吸汁害は起こさない
- ジャガイモヒゲナガアブラムシがきゅうりの果実を吸汁すると、食痕部分に黄緑色の斑点症状が発生することがある
- これら3種のアブラムシ類はCMV、WMVなど各種ウイルス病を媒介する

多発しやすい条件

- 寄生した苗でアブラムシ類を持ち込む
- 高温・少雨条件で多発しやすい。特に施設栽培では発生が早く、多発しやすい
- 冬季間、施設内に雑草を残しておくと越冬場所になり翌年の発生が早くなる。またウイルス病の感染源にもなりやすい　　　　　　　　　　　　　　（齊藤）

きゅうり葉に群生するワタアブラムシ（齊藤原図）

- 種苗管理を徹底し、アブラムシ類が寄生していない苗を使用する
- 発生初期に防除を実施する。種によって薬剤に対する感受性が異なるため、薬剤の選択に注意する
- 施設栽培では、寄生性天敵コレマンアブラバチなどの利用が可能である

すす病による葉の汚染（齊藤原図）

きゅうり幼果を加害するジャガイモヒゲナガアブラムシ（齊藤原図）

害虫編／ウリ類

オンシツコナジラミ

加害部位 葉
加害時期 全生育期(温室・ハウス栽培)

被害の様子

- 成虫・幼虫とも葉裏に群生し口針を植物組織に刺して吸汁する
- 吸汁による直接の被害はほとんどないが、葉や果実に排せつ物(甘露)がかかり、すす病が発生して黒く汚れることがある
- 葉ですす病が激発すると作物の呼吸、同化作用が阻害され生育が悪くなる
- 果実に発生すると商品価値を損なう

成虫および幼虫
(中尾原図)

害虫の特徴

- 成虫は、体長1.5mm程度で白色のチョウのように見える
- 幼虫は淡い黄緑色で、0.3 ～ 0.8mmの平らな楕円型(だえん)である
- 休眠性がないので、北海道の野外では越冬できないが、加温・無加温ハウス・温室内の花きや雑草などで、発生を繰り返しながら越冬する
- 成虫の平均寿命が30 ～ 40日と比較的長く、長期間産卵するため、温室などでは成虫・幼虫・卵が混在する
- 虫態によって薬剤に対する感受性が異なる

多発しやすい条件

- 北海道の野外での越冬が難しいため、施設内の花きや雑草などで越冬する
- 育苗中から寄生されると密度が急激に上昇する

（齊藤）

対策

- ハウスや温室内の除草を実施する。特に秋季の除草は越冬源の抑制に有効である
- 発生状況に注意し、早期防除を心掛ける。作物の上部を軽くたたくと成虫が飛び立つので、発生の有無が分かる。また黄色粘着板を設置して、成虫の発生状況を把握することもできる
- 殺虫剤散布は成虫の活動が鈍る夕方か早朝が望ましい
- 生物農薬として寄生性天敵ツヤコバチ類の利用が可能である

黄色粘着板設置状況（齊藤原図）

天敵ツヤコバチ放飼状況（齊藤原図）

害虫編／ウリ類

ハダニ類

被害の様子

- ●ナミハダニとカンザワハダニが吸汁加害する。最初は下葉の葉裏に寄生する
- ●きゅうり、すいかなどでは吸汁により葉の表に白いかすり状の小斑点がはっきり現れ、初期の発生に気付きやすい
- ●メロンでは被害症状が葉の表に現れにくい
- ●増殖を繰り返して次第に上葉に移動する
- ●激発株では葉が黄変枯死する。また、クモの巣のような糸に覆われる
- ●きゅうりでは果実が直接加害されることがある
- ●歩行による移動性は低いので、圃場の一部にスポット状に発生が見られることが多い

多発しやすい条件

- ●降雨や風の影響がなく、高温になるハウス内では増殖が早い
- ●苗での持ち込みや、周辺雑草地からの侵入が発生原因である
- ●いぼ竹などの資材の隙間でも越冬するので、前年に多発した圃場の資材をそのまま使用すると早発・多発しやすい　　　　　　　　　　　　　　　　　　（齊藤）

ナミハダニ
（齊藤原図）

カンザワハダニ（齊藤原図）

ナミハダニによるきゅうり葉の被害（齊藤原図）

メロンの被害（中尾原図）

ウリ類 マキバカスミカメ

被害の様子

- かぼちゃでは果実の接地していない部位が不整形に隆起する。メロンではネット部が不規則に隆起してネットの形状が乱れる
- 被害は8月後半〜9月前半に収穫する作型で多い

多発しやすい条件

- 開花、結実した雑草などを好むため、圃場内に多様な雑草が多い条件で多発する
- トンネル栽培では圃場の周縁部で被害が多かった事例がある　　　　（岩﨑）

対策

- イヌガラシ、ナズナ、ヒメスイバなどの開花、結実時期に発生が多いため、圃場内の雑草管理を行う

かぼちゃ果実の被害（鳥倉原図）

かぼちゃ突起の切断面（鳥倉原図）

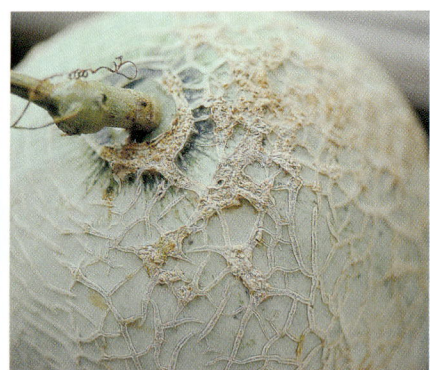

メロン異常ネット（鳥倉原図）

スジブトホコリダニ

被害の様子

- 主要種はスジブトホコリダニであるが、アシブトホコリダニも混発することがある
- コナダニ類と同時に発生する場合が多く、被害の様子も似ている
- すいか・きゅうりでは育苗初期から生育不良となり、葉が光沢を帯びて退色し、内側に巻いて奇形となる
- メロンでも同様の被害が出るが、葉はあまり退色しない

多発しやすい条件

- 高温・多湿条件によって増殖しやすい
- 未熟な有機物で増殖し、地上部にはい出して加害する
（齊藤）

対策

- 育苗ハウスなどに稲わらやもみ殻などを持ち込まない
- 完熟した有機質肥料を使用する

メロン苗の被害（中尾原図）

すいか苗の被害（中尾原図）

成虫および卵（中尾原図）

コナダニ類

被害の様子

- ケナガコナダニ、ホウレンソウケナガコナダニ、オオケナガコナダニなどが育苗中の作物の新芽部分を集中して加害する
- メロン、きゅうり、かぼちゃでは新葉に小さい穴や小斑点ができ、その後生育すると奇形になる
- すいかでは葉が光沢を帯び、退色し奇形となる

害虫の特徴

- 卵から成虫までに要する期間が短く、最も生育が早いケナガコナダニでは最短5日で1世代を経過する
- 成虫の寿命が長く、雌1頭当たりの産卵数も非常に多い
- いずれの種も湿度90%前後の高湿度条件を好む
- 稲わらやもみ殻、未分解の有機質肥料、菌類などを好んで食べる
- 土壌中や有機物で増殖したダニが地上部にはい出して加害すると考えられる

ケナガコナダニ（中尾原図）

多発しやすい条件

- 保温資材として稲わらやもみ殻を使い、加温した育苗床で多発しやすい
- 育苗土に未熟有機質を使用すると発生しやすい
- 種によっては土壌に生える藻類も餌として利用する

（齊藤）

対策

- 育苗ハウスなどに稲わらやもみ殻などを持ち込まない
- 藻類の発生を防ぐため、土壌を過湿にし過ぎない

ケナガコナダニによるきゅうりの被害（中尾原図）

害虫編／ウリ類

ウリ類　ハモグリバエ類

被害の様子

- ウリ科野菜ではアシグロハモグリバエ、ナスハモグリバエの2種が加害する
- 両種とも葉脈沿いに集中する線状の潜り痕を葉に形成する

多発しやすい条件

- 高温・乾燥条件で多発する
- 施設内でのみ越冬するアシグロハモグリバエは、冬季にも被覆を継続したビニールハウスでの発生が多い

害虫の特徴と見分け方

- 被害での両種の識別はできない
- 体（胸部）側面の色彩は、アシグロハモグリバエでは黒、ナスハモグリバエでは黄色が優占する

（岩﨑）

対策

- 定植時の土壌施用粒剤の処理および栽培中の薬剤の茎葉散布を実施する
- アシグロハモグリバエは薬剤に対する抵抗性が発達しているので、薬剤の選択には注意が必要である
- 発生初期の密度が高まっていない時期に、ベンゾイル尿素系薬剤（IGR剤の一部）などの効果的な薬剤による防除を開始する

アシグロハモグリバエによるきゅうりの被害（岩﨑原図）

ナスハモグリバエによるメロンの被害（岩﨑原図）

ウリ類　カブラヤガ

被害の様子

- 幼虫が夜間に苗の茎や葉をかじって切断し、土中に引き込みながら摂食する
- 成長点や幼根も食害するため、苗は枯死したり生育が著しく遅くなる
- すいかでは、土壌に面した果実表面も食害し商品価値を消失させる

多発しやすい条件

- 雑草管理が不十分だと被害が多くなる

（青木）

対策

- 雑草を含めさまざまな植物を食べて成長するため、適切な雑草管理を実施する

カブラヤガ幼虫
（青木原図）

カブラヤガによる
すいか果実被害
（青木原図）

害虫編／ウリ類

いちご

ハダニ類

被害の様子

- ナミハダニとカンザワハダニが加害する
- 発生初期は下位葉への寄生が多く、発生に気付きづらい
- 密度が高まると新しい葉にも移動し、白いかすり状の食痕をつくる
- 激発株は葉の色があせ、株がわい化する。また、クモの巣のような糸に覆われる

多発しやすい条件

- 高温により増殖が早まる
- 苗での持ち込みや、周辺雑草地からの侵入が発生原因である
- 前年使用した資材などの隙間でも越冬していることがあるので、注意が必要である　　　　（齊藤）

対策

- 春季の下葉かきで発生源を減らす
- 管理作業中によく観察し、早期防除に努める
- 被害はスポット状に出ることが多いため、激発株を除去してから防除する
- 発生前からミヤコカブリダニなどの生物農薬を用いることで密度を低く抑えられる

カンザワハダニ（小高原図）

ナミハダニ（中尾原図）

ハダニ類多発株（東岱原図）

アブラムシ類

加害部位 葉、花、根
加害時期 全生育期

被害の様子

- ワタアブラムシやイチゴクギケアブラムシは葉や芽で多発することがあり、排せつ物による果実の汚染やすす病を引き起こす
- イチゴケナガアブラムシ、イチゴクギケアブラムシおよびワタアブラムシはウイルス病（P.157）を媒介する
- イチゴネアブラムシは根際部に多く、大きいコロニーでは地上部の葉裏にも寄生する
- ニレワタムシは定植前のいちごの根に寄生するため、生育がやや遅れるが、定植後の生育は回復する

多発しやすい条件

- 高温・少雨条件で多発する。特に風雨の影響が少ない施設栽培で発生が多い

（青木）

対策

- 葉に寄生するアブラムシはウイルス病を媒介するため、発生初期に薬剤の茎葉散布で対応する
- 定植時の粒剤の植え穴処理も有効な対策である

イチゴクギケアブラムシ（鳥倉原図）

害虫編／いちご

いちご

アザミウマ類

被害の様子

- 加害種はヒラズハナアザミウマとミカンキイロアザミウマである
- 両種とも花の内部を加害し黒変させる
- 加害された果実は着色不良となり、表面の光沢がなくなる

害虫の特徴

- ミカンキイロアザミウマは、北海道の野外で越冬できない

多発しやすい条件

- 高温・乾燥条件で多発する
- ミカンキイロアザミウマは苗での持ち込みが発生原因になることが多い

(齊藤)

ヒラズハナアザミウマ成虫(中尾原図)

ミカンキイロアザミウマ成虫(中尾原図)

ミカンキイロアザミウマによる果実の被害(鳥倉原図)

害虫編／いちご

いちご

シクラメンホコリダニ

加害部位 葉
加害時期 7月下旬、9月下旬

被害の様子

- 幼芽や未展開葉の深部に体長0.2mm程度のごく小さなダニが寄生する
- 若葉は表面にしわを生じ、後にえそ症状になる
- 中位葉は葉の縁が反り返って杯状になり、葉面が波状になる
- 生育初期に加害されると、株全体が激しく萎縮して枯死する
- 花房に被害を受けると、全体に褐変し肥大しない
- ランナーにしばしばとげを生じる

害虫の特徴

- 非常に小さいため肉眼での確認は困難である
- 好適な温度では約7日で卵から成虫になる
- 北海道の野外でも越冬可能である

多発しやすい条件

- 高温・多湿条件で多発する
- 寄生株から採苗する、被害苗を圃場に持ち込むなどによって容易に伝播する

（齊藤）

シクラメンホコリダニ（齊藤原図）

新葉の被害（齊藤原図）

成虫および卵（中尾原図）

対策

- 健全な親株を使用する
- 苗に寄生が認められた場合は温湯処理（42〜43℃の温湯に30〜60分浸漬）し、ダニを死滅させる
- 開花期以降に被害が認められた場合は、55±2℃の温湯をクラウン部分にかん注することで被害の進展を抑制できる
- 奇形株を確認したら、顕微鏡またはルーペなどで幼芽を観察し、早期防除に努める

加害によって生じたランナーのとげ（佐藤原図）

被害多発圃場（佐藤原図）

害虫編／いちご

いちご ネグサレセンチュウ類

被害の様子

- キタネグサレセンチュウとクルミネグサレセンチュウが確認されているが、キタネグサレセンチュウによる被害が多い
- 寄生を受けた根は黒褐変し、腐敗・脱落するとともに新根の発生がほとんどなくなるため、地上部の生育も抑制され、甚だしい場合は枯凋（こちょう）・枯死する

多発しやすい条件

- いちごの連作、トウモロコシ、豆類、馬鈴しょなどの根量の多い作物や永年草地の後作では線虫密度が高まる

（青木）

対策

- 作付け前に粒剤や薫蒸剤を土壌に処理する
- えん麦野生種やマリーゴールドなどの対抗植物を栽培して密度低減を図る

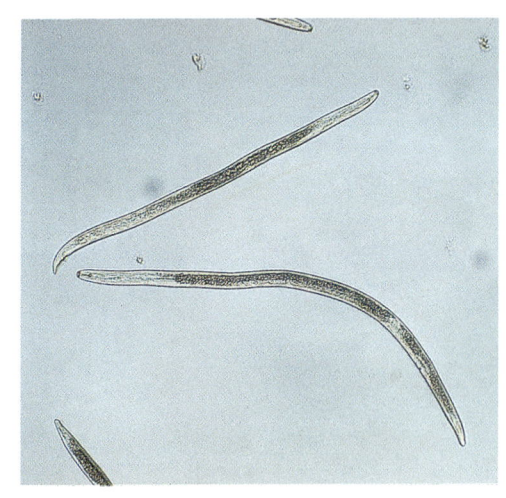

キタネグサレセンチュウ（山田原図）

キンケクチブトゾウムシ

加害部位	葉、根
加害時期	全生育期

被害の様子

- 成虫は葉の縁を径5mm程度の半月状に食害するので、この食害痕で発生の確認ができる
- 幼虫は太い根やクラウン部分に食い込んで食害をする。そのため、いちごの生育が不良となり、簡単に株を引き抜ける状態となり枯死株も発生する

多発しやすい条件

- 本種は庭木や宿根性花きなどにも寄生するため、圃場周辺から歩行により侵入して発生する。また、いちごの苗を長期間使用するとそこで増殖を繰り返す可能性がある
（柿崎）

対策

- 衰弱株などの発生が見られる圃場では、収穫後に苗を全株抜き取り・廃棄して、近接圃場を含めて本種が寄生しない作物の栽培に切り替える
- 成虫に対しては、葉の食害を確認して、薬剤の茎葉散布を実施する

成虫（奥山原図）

根・クラウン部分の中の幼虫による被害（大竹口原図）

成虫による葉の食害（柿崎原図）

害虫編／いちご

アブラナ科 — アブラムシ類

加害部位 葉、茎、花梗（かこう）
加害時期 全生育期

被害の様子

- アブラナ科に寄生する主要なアブラムシは、モモアカアブラムシ、ダイコンアブラムシ、ニセダイコンアブラムシである
- 3種とも葉、茎、花梗などに寄生し、汁液を吸汁する。そのため葉がしおれたり、黄変し激しいときは枯死する
- 3種ともウイルス病を媒介する
- モモアカアブラムシは、アブラナ科だけでなく、ナス科・ウリ科・キク科・アカザ科など多くの植物に寄生する
- ダイコンアブラムシはアブラナ科植物だけに寄生し、特にキャベツやブロッコリーを好む。外葉より中位葉に群生することが多く、生育不良を招き、すす病の発生で商品価値を低下させる
- ニセダイコンアブラムシはアブラナ科植物だけに寄生し、だいこん、はくさい、からしなを好む。成熟葉を好むため、外葉に多く寄生する

害虫の特徴

- モモアカアブラムシは体長2mm程度、平たい卵型で、色彩は緑系と赤系の2型がある
- ダイコンアブラムシは体長2〜2.5mm、地色は暗緑色であるが、全体に白粉で覆われ白く見える
- ニセダイコンアブラムシは体長1.8mm程度、体色は緑色を帯びた橙黄色（とうこう）で淡緑褐色、暗褐色の個体もいる

多発しやすい条件

- 高温・少雨で多発する

（青木）

からしなのダイコンアブラムシ（岩﨑原図）

だいこんのニセダイコンアブラムシ（岩﨑原図）

対策

- 定植や播種時に粒剤を土壌混和するか、セル苗に薬剤をかん注処理する
- 発生が認められたら、薬剤を茎葉散布する

ダイコンアブラムシによるキャベツの吸汁痕（梶野原図）

害虫編／アブラナ科

コナガ

被害の様子

- 幼虫は葉裏から円形または不規則な形に小さく葉肉だけを食害し、葉の表皮を残すため、食害痕は白く透けて見える
- 生育初期に多数に幼虫に寄生されると、枯死することもある

害虫の特徴

- 葉の裏にいる幼虫は、葉を動かしたり手で触れると跳ねるように素早く動き、時には糸を吐いて地上に落ちていく
- 北海道では施設内では越冬可能であるが、野外では越冬できない
- 春季以降に温暖な地域から成虫が飛来を繰り返し、これらが主要な発生源となって夏場にかけて増殖する

多発しやすい条件

- 高温・少雨の場合、生育が早く進み、世代数が増加するとともに、幼虫の生存率が高まる

（青木）

コナガ幼虫とキャベツの被害（橋本庸三原図）

対策

- フェロモントラップを設置して成虫の発生動向を把握する
- 定植時にセル苗かん注や植え穴土壌混和などの薬剤処理を実施する
- 定植2週間後から薬剤の茎葉散布を実施する
- 感受性の低下した薬剤が確認されているので、同一系統薬剤の連用を避け、複数系統の薬剤を用いてローテーション散布を実施する

コナガ成虫とさなぎ(青木原図)

コナガによるだいこんの被害(橋本庸三原図)

アブラナ科 モンシロチョウ (アオムシ)

加害部位 葉
加害時期 6〜9月

被害の様子

- ふ化幼虫は葉裏から表皮を残し葉肉を食害する。成長すると、次第に大きな穴をあけるようになり、葉表に出て食害する
- 齢期が進むにつれて食害量が増加し、老熟幼虫は葉脈を残して食害する
- 生育初期に食害を受けると、株全体が食い尽くされたり、成長点をかじられて芯止まりとなることもある

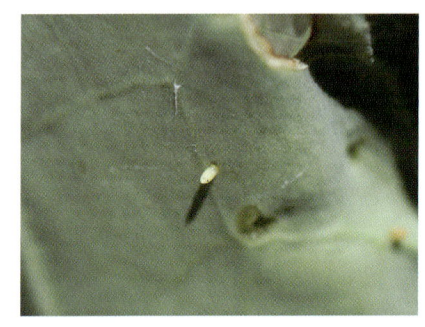

モンシロチョウの卵
（青木原図）

多発しやすい条件

- 高温・少雨の条件で多発しやすい
- 収穫終了後の株を放置すると、多発を招く要因となる
（青木）

対策

- 定植時に薬剤の土壌混和やセル苗かん注処理を行う
- 若齢幼虫に対して薬剤の茎葉散布を行う

モンシロチョウの幼虫（青木原図） モンシロチョウのさなぎ（青木原図）

ヨトウガ

被害の様子

- 数十から300の卵を塊（卵塊）として、主に外葉の裏側に産み付ける
- ふ化幼虫は、産卵された付近で集合したまま表皮を残して葉肉を食べる
- 幼虫は生育が進むにつれて株全体から隣接株に移動し、不規則な穴をあける
- 老齢幼虫になると摂食量は著しく増加して、葉の葉脈だけを残す食害痕となるとともに、株の中心部まで侵入して加害する
- 特に老齢幼虫は夜間に活動し、日中は葉陰や結球内部、株元の地中に潜む

多発しやすい条件

- 通常は第1回より第2回の発生量が多い
- 高温・少雨で産卵が活発になる
- 幼虫は乾燥に弱く、適度な降雨により生存率が高まる
  （青木）

対策

- 幼虫は生育が進むと薬剤の効果が低下するため、若齢幼虫時に茎葉散布する

ヨトウガ幼虫によるキャベツの被害（梶野原図）

ヨトウガ幼虫によるブロッコリーの被害（青木原図）

アブラナ科 カブラヤガ（ネキリムシ）

被害の様子

- 幼虫が夜間に苗の茎や葉をかじって切断し、土中に引き込みながら摂食する
- 成長点や幼根も食害するため、苗は枯死したり生育が著しく遅くなる

多発しやすい条件

- 雑草管理が不十分だと被害が多くなる

（青木）

対策

- 雑草を含め、さまざまな植物を食べて成長するため、適切な雑草管理を実施する
- ベイト剤（毒餌殺虫剤）や粒剤を株元処理する

カブラヤガ幼虫
（青木原図）

キスジトビハムシ（キスジノミハムシ）

加害部位 成虫：葉、幼虫：根
加害時期 全生育期

被害の様子

- 成虫は発芽直後の葉に集まって食害し、直径1mm程度の円形の穴を多数開ける
- 幼虫は根の表皮を加害し、多数の小円形や細線状の食痕を付ける
- だいこんでは加害される時期によって「ナメリ」状、「サメ肌」状、「孔」状の傷跡となる。わずかな食痕でも商品価値が低下する

多発しやすい条件

- 高温・少雨が発生に好適である
- 茎葉部、根部とも夏季に被害が多い
- アブラナ科雑草が発生源となる
- アブラナ科作物を連作すると密度が高まる

（齊藤）

キスジトビハムシ成虫（上堀原図）

対策

- アブラナ科作物を連作しない
- アブラナ科雑草を除去する
- 幼虫の加害を防止するため、播種前に浸透移行性の粒剤を土壌施用する
- さらに発芽後、成虫を対象に殺虫剤を茎葉散布する

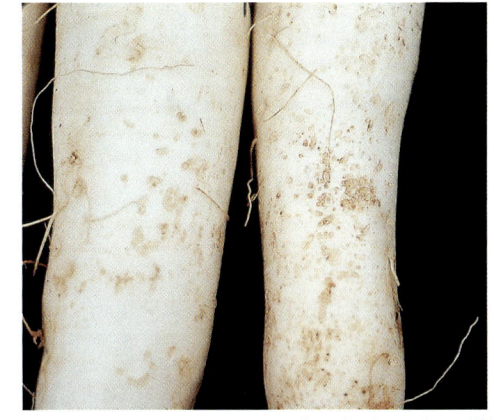

だいこんの被害
（梶野原図）

害虫編／アブラナ科

タネバエ・ダイコンバエ・ヒメダイコンバエ

加害部位 根
加害時期 6〜10月(タネバエ・ヒメダイコンバエ)
8〜10月(ダイコンバエ)

被害の様子

- 幼虫（うじ）が各種アブラナ科野菜の根を加害する。特にだいこんの被害が多く、幼虫が表皮や肉質部を不規則に食害するため、商品価値が失われる
- タネバエははくさいの結球部に侵入して被害をもたらすことがある。ヒメダイコンバエは近年、根釧地方で多発が続いており、ブロッコリーの生育不良も認められる
- タネバエは有機物の臭いに誘引され、浅い地中に点々と産卵する。ダイコンバエおよびヒメダイコンバエは株際の浅い地中に1株当たり数粒〜数十粒をまとめて産卵する
- タネバエおよびヒメダイコンバエは年3回、ダイコンバエは年1回発生する

多発しやすい条件

- 未熟な有機物の施用はタネバエを誘引する
- 低温および土壌の多湿は幼虫の生存率を高め、被害が増加する　　　　　　　　　　　　（小野寺）

対策

- 播種あるいは移植時に薬剤処理をする
- 有機物を適切に施用する

ヒメダイコンバエの成虫（小野寺原図）

ヒメダイコンバエの卵（小野寺原図）

ヒメダイコンバエによるだいこんの被害（小野寺原図）

ゴミムシ類

被害の様子

- 被害多発圃場における優占種はマルガタゴミムシ、トックリナガゴミムシ、キンナガゴミムシ、ゴミムシの4種で、特にマルガタゴミムシが占める割合が高い
- 成虫がだいこんやかぶ、ラディッシュなどの根部を加害し、商品価値を低下させる
- 根部での食痕は直径4〜10mmの円形で、根部を貫通することも溝状になることもない
- 根部肥大期には表面を広くかじったような食痕を呈することがある

多発しやすい条件

- 春まきトンネル作型で被害が多い

（青木）

対策

- 春まきトンネル作型以外では被害程度は非常に低いため、防除の必要はない

ゴミムシの成虫（鳥倉原図）

キタネグサレセンチュウ

加害部位 根
加害時期 全生育期

被害の様子

- 成虫、幼虫ともに口針で表皮細胞から侵入し、吸汁加害する。だいこんでは表皮に白色水泡状の斑点が生じ、やがて斑点の中心が黒変し、あばた状となる

多発しやすい条件

- トウモロコシ、豆類、馬鈴しょなどの根量の多い作物や永年草地の後作では線虫密度が高まる

（青木）

対策

- 播種前に粒剤や薫蒸剤を土壌に処理する
- えん麦野生種やマリーゴールドなどの対抗植物を栽培して密度低減を図る

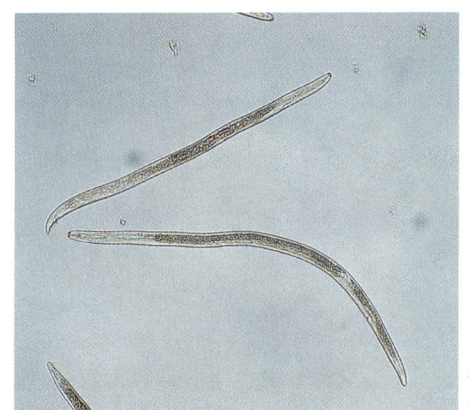

キタネグサレセンチュウ
（山田原図）

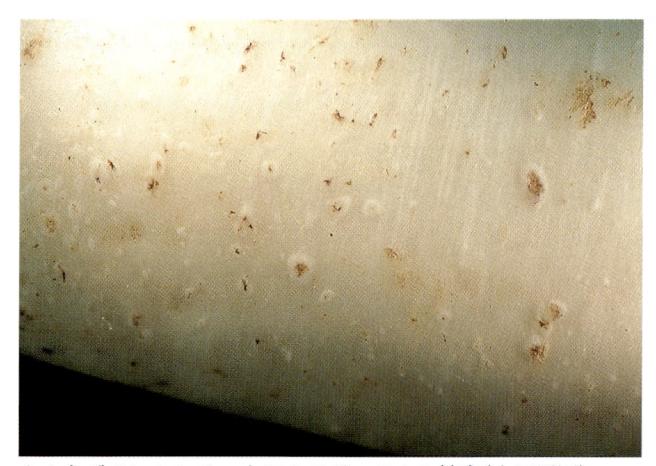

キタネグサレセンチュウによるだいこんの被害（山田原図）

ナガメ

加害部位	葉、茎
加害時期	5～10月

被害の様子

- 成虫、幼虫ともアブラナ科植物の茎葉に口を刺して汁液を吸汁する
- 被害の軽いときは葉面に白色点状の被害痕が生じ、被害が激しいときは葉の変形・黄変・萎凋が生じる

害虫の特徴

- 成虫の体長は8 ～ 9mm、藍色を帯びた黒色の長い亀甲形で背面に橙赤色の筋の紋があり、中央の斑紋はY字形である

多発しやすい条件

- 圃場周辺にアブラナ科雑草が多いと、成虫の飛来数が多くなる

（青木）

対策

- 幼虫が多く観察されるときに、殺虫剤を散布する

ナガメ成虫と吸汁による被害（鳥倉原図）

ナガメの卵とふ化幼虫（中尾原図）

オオモンシロチョウ

加害部位	葉
加害時期	5〜9月

被害の様子

- 幼虫が集団で加害する
- さなぎになるまで産卵された株、あるいは近隣の株に集合して食害するため、寄生株周辺での被害が大きい

害虫の特徴

- 卵を塊（卵塊）で産むため、幼虫は集団で生息する
- 幼虫の頭部は黒色、体の地色は青緑色またはくすんだ黄色で側面に黄色のしま、背中に黒い斑紋がある

多発しやすい条件

- 家庭菜園などの無農薬圃場で多く発生する

（青木）

対策

- コナガやモンシロチョウ（アオムシ）に対する薬剤防除を実施していれば問題にならない
- 卵塊を発見した場合、株から取り除き適切に処分する

オオモンシロチョウ幼虫とキャベツの被害（岩﨑原図）

ネギアザミウマ

加害部位	葉、結球部
加害時期	5〜9月

被害の様子

- 葉の表面に白色かすり状の食痕を残して食害する
- キャベツの結球部や包葉に食痕を付けて商品価値を損ねる
- 多発すると、結球部外側の数枚の葉に食痕を残すこともある
- キャベツやだいこんで生育初期から幼虫も含む寄生が生じ、成育を抑制することもある

多発しやすい条件

- 高温・乾燥条件で多発しやすい
- 近隣圃場のたまねぎの倒伏・枯凋(こちょう)による成虫飛来や雑草が多いなど、圃場内の密度が高いと被害が発生する傾向がある。一方、キャベツやブロッコリーで増殖して多発に至る事例も増えている

（岩﨑）

対策

- 薬剤の茎葉散布を実施する
- 抵抗性個体の発生・増加により、合成ピレスロイド系薬剤の効果は低下しているので、薬剤の選択に注意する

キャベツを加害するネギアザミウマ
（岩﨑原図）

キャベツ結球部の被害（岩﨑原図）

害虫編／アブラナ科

アシグロハモグリバエ

加害部位 葉、根
加害時期 6〜9月

被害の様子

● 葉に、葉脈沿いに集中する線状の潜り跡を形成する。生育初期に激しい被害を受けると、収量に影響する

● だいこんでは根の上部表面に線状の潜り跡、かぶでは根の内部に径1mm程度の細いすじが入り込んで、商品価値を損ねることがある。根菜類でのこれら被害は多発生時に限られる

似た害虫との見分け方

● 葉の内部にさなぎが残るナモグリバエと異なり、アシグロハモグリバエは葉内にさなぎが残らない

多発しやすい条件

● 越冬可能なビニールハウスなどの施設が近い条件で多発しやすい　　　　　　　　　　　　　　（岩﨑）

対策

● ベンゾイル尿素系剤などを用いて茎葉散布する
● 越冬ハウス内では低密度な春季から防除を行い、密度を高めないことが重要である

だいこん根部の
被害（岩﨑原図）

かぶの被害
（岩﨑原図）

アシグロハモグリバエ成虫
（岩﨑原図）

ねぎ類

ネギアザミウマ

加害部位 葉
加害時期 たまねぎ：5月下旬〜
　　　　　　ねぎ：7月下旬〜

被害の様子

- 葉の表面に白色かすり状の食痕を残して食害する
- ねぎではこの食痕により外観を損ねる。たまねぎでは食害によって葉の生育、りん球の肥大が抑制される

多発しやすい条件

- 高温乾燥条件で多発しやすい
- たまねぎ圃場に近接するねぎ圃場では、密度が高まり、たまねぎの倒伏によって成虫の移動が活発化する7月下旬以降に飛来する成虫によって被害が増加する

（岩﨑）

対策

- 薬剤の茎葉散布を実施する
- 抵抗性個体の発生・増加により、合成ピレスロイド系薬剤の効果は低下しているので、薬剤の選択に注意する

ネギアザミウマ
成虫・幼虫（岩﨑原図）

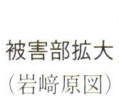

被害部拡大
（岩﨑原図）

ねぎの被害（岩﨑原図）

害虫編／ねぎ類

タマネギバエ

加害部位	りん茎
加害時期	6月中旬〜収穫期

被害の様子

- 被害株は萎凋し、枯死する。そのような株を掘り起こすと、幼虫が食入しているのが観察される
- 幼虫は1株を食べ尽くすと隣接株に移動し、次々と食害するため、被害株は畝に沿って連続したり、坪状に拡大する。タネバエと混発することも多い

多発しやすい条件

- 成虫はねぎ類の臭いに誘引されるため、被害を受けた株、傷ついた株、病害により腐敗した株やその周辺に集中して産卵される
- 多湿条件で卵の生存率が高く、被害が大きくなる傾向がある　　　　　　　　　　　　　　　　　　（古川）

雌成虫（古川原図）

対策

- 被害株の抜き取り、埋没処理を行う
- 常発地では薬剤の育苗箱かん注を行う

連続した被害株（古川原図）

ハイジマハナアブ

加害部位 りん茎
加害時期 移植直後、6月下旬ごろ〜収穫期

被害の様子

- 越冬幼虫が移植直後のたまねぎ苗に食入し、枯死させる
- 肥大期の球に食入すると、腐敗したり、球の肥大に影響する
- 収穫時期においては食入により商品価値が下がり、貯蔵性が低下する

多発しやすい条件

- 被害球が圃場に放置されていると越冬源となる
- 成虫はねぎ類の臭いに誘引されるので、傷や腐敗球があるとそこに集まってくる

（古川）

対策

- 被害株の抜き取り、埋没処理を行う
- 移植や管理作業中にたまねぎに傷を付けないようにする

幼虫とたまねぎ被害（岩﨑原図）

害虫編／ねぎ類

ネギハモグリバエ

加害部位	茎葉
加害時期	露地たまねぎ圃場での成虫発生期

第1回：5月下旬～6月上旬
第2、3回：7月上旬～8月下旬

被害の様子

- 成虫は体長2mm程度で、ねぎ類の茎葉に直線状のほぼ等間隔に並ぶ食痕を残す
- 幼虫は葉内へ潜り、食痕は白い線状に葉に残るため、ねぎやにらでは商品価値が低下する
- 多発したたまねぎ圃場では、葉の被害が多く認められるだけでなく、りん球へ幼虫が侵入し品質低下を招くことがある

似た害虫との見分け方

- ナモグリバエのさなぎは葉内へ残るが、ネギハモグリバエは葉の外へ出て蛹化する　　　　　（荻野）

対策

- 発生が懸念される圃場では圃場観察を励行し、成虫食痕が認められた場合、速やかに薬剤の茎葉散布を開始する

成虫と成虫食痕（荻野原図）

たまねぎに侵入した幼虫（荻野原図）

初期の幼虫食痕（荻野原図）

ネギコガ

加害部位 葉
加害時期 4〜9月

被害の様子

- 幼虫はねぎ、たまねぎ、にら、にんにくの葉の内部から食害する
- 表皮を残して筋状に加害するため、葉面に白色筋状の食痕が残る

対策

- ネギアザミウマなど他害虫の防除を実施していれば問題になることは少ない

害虫の特徴

- 成虫は体長6mm程度の小型のガである
- 黒色の羽を畳むと葉巻き状を呈し、背面中央部に白色の小さな斑点が目立つ

多発しやすい条件

- 高温・少雨条件で多発する

（青木）

幼虫によるたまねぎの被害
（梶野原図）

にんにくの被害とさなぎ（鳥倉原図）

害虫編／ねぎ類

アスパラガス　ジュウシホシクビナガハムシ

加害部位　葉、茎、花
加害時期　4月下旬～10月上旬

被害の様子

- 越冬幼虫は萌芽初期から若茎のりん片葉や表皮を食害するため、茎が曲がったり欠芽茎や褐変茎になって商品価値が著しく低下する
- 収穫後、展葉期に入ってからも幼虫および新成虫が葉や柔らかい茎、花を食害するため、株全体が枯れてしまうことがある

多発しやすい条件

- 定植後2、3年間の株養成期間に放任状態にすると、密度が高まる

（青木）

対策

- 主にアスパラガス圃場で増殖するので、幼虫期に殺虫剤散布を実施して密度低下を図る
- 越冬成虫の発生が多い場合は、成虫を狙って殺虫剤を散布する

成虫による若茎の食害（齊藤原図）

幼虫による擬葉の食害（齊藤原図）

アザミウマ類
ネギアザミウマ、ヒラズアザミウマ

加害部位	葉、茎
加害時期	5〜10月

被害の様子

- ネギアザミウマ、ヒラズアザミウマの成幼虫とも葉や茎の表皮をなめるように食害する
- 萌芽直後の若茎のりん片下や頂茎内に成虫が侵入し、表皮を食害してかすり状の食痕を残す
- 茎内に産卵管を挿入して産卵するため、表皮が裂けたり、湾曲して奇形となることがある

多発しやすい条件

- 高温・乾燥時に多発しやすい
（青木）

対策

- 圃場周辺の雑草で越冬するので、適切な雑草管理に努める
- ハウス立茎栽培においては、近紫外線除去フィルムの使用やハウス周辺の光反射資材の設置により侵入抑制効果がある
- 薬剤防除は7日間間隔の2回散布やトリミング後の散布により防除効果が高まる

成虫（中尾原図）

若茎の被害（岩﨑原図）

アスパラガス

ツマグロアオカスミカメ

被害の様子

- 成虫、幼虫ともにアスパラガスの柔らかい部分に口吻（こうふん）を突き刺し、吸汁する
- 吸汁された部分は陥没し、茎が伸びるとともにすじ状の傷となる
- 先端部分が加害されると、曲がり、奇形などが生じる
- 株養成期に加害されると奇形や芯止まりにつながる

対策

- 収穫時に被害が見られる場合は、薬剤散布で幼虫数を減少させる
- 株養成期の8月以降に薬剤を散布することで成虫密度を低下させ、越冬卵の量を減少させる
- 秋季に枯れた茎葉を圃場外に持ち出し処分する
- 翌年春にアスパラガスが萌芽する前に、地面全体を残さや刈り株などが焦げる程度にバーナーで焼く

多発しやすい条件

- アスパラガスの枯れた茎葉の内部で卵の状態で越冬するため、前年の茎葉を圃場に残すと翌年の発生が多くなる

（齊藤）

若茎を加害する成虫（山崎原図）　成虫および幼虫（橋本直樹原図）

ヨトウガ

被害の様子

- 数十から300の卵を塊（卵塊）として、主に葉に巻き付けるように産み付ける
- 老齢幼虫になると摂食量が著しく増加して葉だけでなく茎の表皮も食害し、枝葉は黄褐色に枯れ上がる
- 特に老齢幼虫は夜間に活動し、日中は葉陰や株元の地中に潜む

多発しやすい条件

- 春季の高温・少雨は成虫の移動・産卵行動に好適である
- アスパラガスでは葉が展開した9月から10月に被害が多くなる

（青木）

対策

- 幼虫は成育が進むと薬剤の効果が低下するため、若齢幼虫時に茎葉散布する

幼虫と被害（中尾原図）

幼虫によるアスパラガス株の被害（青木原図）

アスパラガス　カンザワハダニ

加害部位 葉
加害時期 全生育期

被害の様子

- 若茎に寄生すると、白斑を生じさせ商品価値を落とす
- 葉に寄生するとかすり状となり、やがて黄化する
- 多発するとクモの巣状となる

多発しやすい条件

- 高温・乾燥時に多発する

（青木）

対策

- 雑草で越冬するので、圃場周辺の雑草管理を適切に行う

成虫（小高原図）

養成茎での寄生状況（橋本直樹原図）

ごぼう

ヒメアカタテハ

被害の様子

- 幼虫が葉を食害するとともに、加害部に巣をつくって蛹化（ようか）する

多発しやすい条件

- 発生した場合でも大きな被害になることは少ない
- 秋季になってから目立つことが多い

（三宅）

対策

- 対策が必要な被害が生じた事例はまれである
- 被害株が目立つ場合は幼虫を捕殺する

ヒメアカタテハの幼虫（三宅原図）

ヒメアカタテハの成虫（三宅原図）

害虫編／ごぼう

センチュウ類

加害部位 根
加害時期 全生育期

被害の様子

- 主な加害種はキタネグサレセンチュウとキタネコブセンチュウである
- キタネグサレセンチュウが寄生すると初期から生育が抑制され、寸詰まりや分岐根が発生したり、表皮に黒褐色の斑紋ができる
- キタネコブセンチュウは主根部に寄生してこぶを形成し、分岐根となる奇形を生じて商品価値がなくなる

キタネグサレセンチュウによるごぼうの被害（山田原図）

多発しやすい条件

- キタネグサレセンチュウ、キタネコブセンチュウともに寄主範囲が広く、前作物が各センチュウの増殖に好適である場合、多発生となる
- キタネグサレセンチュウでは、特に前作が永年草地やトウモロコシ、豆類、馬鈴しょなどの場合に密度が高まる
- キタネコブセンチュウが寄生しない作物は麦類やトウモロコシなどのイネ科作物、すいか、アスパラガスなどしかない

（三宅）

キタネコブセンチュウによるごぼうの被害（山田原図）

対策

- 直接商品となる部分に被害を生じるため、栽培前に線虫密度を調査して、栽培の可否や防除対策を考える必要がある
- キタネグサレセンチュウに対しては、前作にえん麦野生種「ヘイオーツ」を栽培すると密度が低減する
- キタネグサセレンチュウに対しては、寄生が少ないてん菜、トウガラシ、ピーマン、アスパラガスなどを栽培すると増殖性が比較的低い
- キタネコブセンチュウに対しては、イネ科などの非寄主である作物または緑肥を組み入れた4年以上の輪作を行う
- 粒剤を播溝土壌混和する

レタス　ナモグリバエ

加害部位 葉
加害時期 4月下旬～9月

被害の様子

- 葉に線状の潜り痕を残す
- 葉の内部で蛹化（ようか）する。さなぎはゴマ粒大で低温時には暗色、高温時には白色となる
- 春に道外から飛来してくる成虫により発生を開始する

- 殺虫剤による防除を行う。育苗期にはかん注処理、定植後には茎葉散布する

似た害虫との見分け方

- レタスでは、主に施設内でアシグロハモグリバエも発生する
- ナモグリバエは葉の内部にさなぎが残るので、葉から脱出して蛹化するアシグロハモグリバエとの識別は容易である

多発しやすい条件

- 初期の発生量は、春季の飛来量によって変動する
- 高温に弱いので、飛来後の6月、気温の低下する9月ごろに被害が増える　　　　　　　（岩﨑）

レタスの被害
（岩﨑原図）

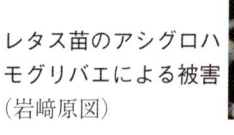

葉の内部に残るさなぎ（岩﨑原図）

レタス苗のアシグロハモグリバエによる被害
（岩﨑原図）

キアゲハ

被害の様子

- 幼虫が葉を加害する
- 若齢時は小さな穴をあける程度だが成長するにつれ食害量が多くなり、寄生株では一夜にして株全体の緑を失うことがある
- 葉裏に1粒ずつ産卵されるため、幼虫の齢期がばらつくことが多い

多発しやすい条件

- 終齢幼虫は大きく色鮮やかなため発生すると目立つが、多発することはほとんどない 　　　　　（三宅）

対策

- 小面積の栽培で発生した場合は幼虫を捕殺する
- 発生が多い場合は殺虫剤を茎葉散布する

キアゲハの中齢幼虫（三宅原図）

キアゲハの終齢幼虫（鳥倉原図）

害虫編／にんじん

にんじん　センチュウ類

被害の様子

- 主な加害種はキタネグサレセンチュウとキタネコブセンチュウである
- キタネグサレセンチュウが寄生すると表皮に赤褐色の小斑点を生じ、被害が甚だしい場合には斑点の中心部がひび割れる他、寸詰まりや分岐根が発生する
- キタネコブセンチュウは根に多数のこぶを生じ、そのこぶからひげ根を生じさせる他、主根部が加害されて短根やまた割れなどの奇形となって商品価値を失う

多発しやすい条件

- キタネグサレセンチュウ、キタネコブセンチュウともに寄主範囲が広く、前作物が各センチュウの増殖に好適である場合、多発生となる
- キタネグサレセンチュウでは、特に前作が永年草地、トウモロコシ、豆類、馬鈴しょなどの場合に密度が高まる。
- キタネコブセンチュウが寄生しない作物は麦類やトウモロコシなどのイネ科作物、すいか、アスパラガスなどしかない　　　　　　　　　　　　　　（三宅）

キタネグサレセンチュウによるにんじんの被害（山田原図）

キタネコブセンチュウによるにんじんの被害（山田原図）

- 栽培前に線虫密度を調査して、栽培の可否や防除対策を考える必要がある
- キタネグサレセンチュウに対しては、前作にえん麦野生種「ヘイオーツ」を栽培すると密度が低減する
- キタネグサセレンチュウに対しては、寄生が少ないてん菜、トウガラシ、ピーマン、アスパラガスなどを栽培すると増殖性が比較的低い
- キタネコブセンチュウに対しては、イネ科などの非寄主である作物または緑肥を組み入れた4年以上の輪作を行う
- 粒剤を播溝土壌混和する

にんじん カブラヤガ（ネキリムシ）

加害部位 葉、茎
加害時期 6月〜9月

被害の様子

- 幼虫が夜間に地際部の茎や葉をかじって切断し、土中に引き込みながら摂食する
- 成長点や幼根も食害するため、食害された株は枯死したり生育が著しく遅くなる

多発しやすい条件

- 雑草管理が不十分だと被害が多くなる

（青木）

対策

- 雑草を含めさまざまな植物を食べて成長するため、適切な雑草管理を実施する
- 播種前の粒剤の土壌処理や生育初期のベイト剤（毒餌殺虫剤）株元処理を実施する

カブラヤガ幼虫（青木原図）

シロオビノメイガ

加害部位	葉
加害時期	7月下旬〜

被害の様子

● 幼虫が葉を食害する。葉の表皮を残して下側から食害することが多く、被害部は表皮が窓のように残る

多発しやすい条件

● 道外からの飛来害虫で、高温条件でないと増殖できない
● 温度の高いビニールハウス内では被害が目立ちやすく、特に飛来量が多いと思われる道南地方では発生頻度も高い　　　　　　　　　　　　　　　　　（岩﨑）

対策

● 低密度時から昆虫成長制御剤（IGR剤）などの薬剤による茎葉散布を実施する
● ハウス側面に防虫ネットを展張すれば、外部や隣接ハウスからの侵入を阻止できる

被害と幼虫（岩﨑原図）

成虫（岩﨑原図）

害虫編／ほうれんそう

コナダニ類

加害部位	新芽
加害時期	春季(3〜5月播種)
	秋季(8月以降播種)

被害の様子

- ホウレンソウケナガコナダニ、オオケナガコナダニ、ニセケナガコナダニの3種が寄生するが、主要種はホウレンソウケナガコナダニである
- 普段は土の中に生息し、有機物などを食べているが、土壌水分の変動など環境の変化によって地上へはい出し、ほうれんそうに移動する
- ほうれんそうの新芽部分に集中して寄生し、加害する。加害により葉に小さな穴があき、その周囲は褐変する
- 展開した葉にはこぶ状の小突起、縮葉などの奇形症状が現れる
- 被害が激しい場合は新芽が全てなくなり、芯止まりになる

多発しやすい条件

- 比較的低温性を好むダニであるため、春および秋季に被害が発生しやすい
- 有機物を餌にするため、有機肥料(魚かす、油かすなど)、もみ殻などを土壌にすき込むと密度が急激に上昇する
- 土壌表面に生える緑色や赤色の藻類も好んで食べるため、藻が生えやすいハウスでは密度が上昇しやすい
- 冬季間にハウスの天井ビニールを剝がさなかった場合、翌春に密度が非常に高まる場合がある

(齊藤)

ホウレンソウケナガコナダニ(齊藤原図)

展開葉の奇形症状（こぶ状の小突起）（齊藤原図）

- ●2葉期および4葉期を中心に殺虫剤を茎葉散布する
- ●被害が常発する圃場では播種前に粒剤を施用する。化学農薬を使用しない土壌還元消毒、太陽熱消毒なども有効である
- ●圃場に未熟な堆肥や有機物を入れない
- ●藻類の発生を防ぐため、土壌を過湿にし過ぎない
- ●冬季間に天井ビニールを剥がし、降雨、降雪にさらして越冬量を減らす

新葉の褐変（齊藤原図）

ホウレンソウケナガコナダニの好む藻類（赤色）が生えた圃場（齊藤原図）

害虫編／ほうれんそう

アシグロハモグリバエ

加害部位 葉
加害時期 6〜10月

被害の様子

- 雌成虫は葉に直径1mm程度の穴をあけて産卵したり、にじみ出る汁液を摂食する
- 幼虫は葉内を線状に潜り、葉肉を食べる

多発しやすい条件

- 野外では越冬できないため、冬季間に被覆を継続したハウス内での生存虫、ビニール被覆以降に外部から侵入した成虫によって発生が始まる

（岩﨑）

対策

- 薬剤の茎葉散布を実施する
- 薬剤抵抗性を発達させているため、薬剤の選定には注意する
- 施設内では3月以降に密度が高まるので、密度が本格的に高まる前に防除を始める
- 冬季間に被覆を継続しているハウス内では、成虫の餌となる雑草や収穫残さなどを処分して越冬を阻止する

成虫による食痕（岩﨑原図）

幼虫による潜り痕（岩﨑原図）

さなぎ（岩﨑原図）

アブラムシ類

被害の様子

- ながいもに寄生するアブラムシ類はジャガイモヒゲナガアブラムシ、モモアカアブラムシ、ワタアブラムシ、ニワトコヒゲナガアブラムシの4種である
- ながいもではアブラムシ類の吸汁による実害は生じないが、これらはヤマノイモえそモザイク病を媒介するため、特に採種圃場では注意する必要がある

多発しやすい条件

- アブラムシ類は一般的に高温・乾燥年に多発する傾向がある　　　　　　　　　　　　　　　（三宅）

対策

- 薬剤の茎葉散布を実施する

ジャガイモヒゲナガアブラムシ
（岩﨑原図）

モモアカアブラムシ
（小野寺原図）

害虫編／ながいも

りんご

モモシンクイガ

加害部位 果実
加害時期 7月上旬〜9月上旬

被害の様子

- 卵は果実のがくあ部に産み付けられる。ふ化した幼虫は果実に侵入する。侵入孔からは果汁がにじみ出る
- 幼虫は果実の内部を食害するため、果実は表面に凹凸を生じたり糞粒が出る。被害果は商品価値を失う
- 大部分は年1回の発生であるが、一部は2回発生する

多発しやすい条件

- 高温・多照は産卵および幼虫の発生に適する
- 7月が高温に経過する年は第2世代の発生量が増加し、9月以降にまで加害時期が延長することがある

(小野寺)

対策

- 果実の袋掛けを行う
- フェロモントラップで成虫の発生時期を把握する
- 薬剤を散布する
- 被害果は放置せず、適切に処分する

被害果(小野寺原図)

被害果内の幼虫(岩﨑原図)

成虫(小野寺原図)

りんご

キンモンホソガ

被害の様子

- 幼虫は卵からふ化した後に、葉の裏側から葉内へ潜入する。初めは葉内の汁液を吸収して発育し、後に葉肉を食害する
- 年3、4回の発生である。世代を追うごとに密度が上昇する
- 寄生密度が高まり、1葉に多数の潜葉痕が発生すると、葉は裏側へ巻き、早期に落葉する

多発しやすい条件

- 融雪が早い年は越冬密度が高い
- 台木のひこばえに寄生が多い

（小野寺）

対策

- ひこばえは春のうちに切除する
- フェロモントラップで成虫の発生時期を把握する
- 薬剤の散布を実施する

成虫
（小野寺原図）

幼虫（小野寺原図）

葉の被害（小野寺原図）

害虫編／りんご

りんご　ハマキガ類

被害の様子

- 加害種は20余種が知られているが、主要な種はミダレカクモンハマキ（卵越冬）、リンゴモンハマキ・リンゴコカクモンハマキ・トビハマキ（幼虫越冬）である
- 春季は幼虫が萌芽直後の新芽に食入し、その後は花そうをつづって食害する。夏季は新梢先端の若い葉をつづる
- 幼果の果面が食害されると、傷果（ナメリ果）となり、商品価値が失われる

多発しやすい条件

- 卵越冬種が主体の園地では、開花中の防除が控えられるため多発が継続しやすい
- 周辺に雑木林や植栽林があると多発しやすい

（小野寺）

幼虫によるナメリ果（梶野原図）

ミダレカクモンハマキ越冬卵（小野寺原図）

対策

● フェロモントラップで成虫の発生時期を把握する
● 薬剤を散布する

ミダレカクモンハマキ幼虫（小野寺原図）

ミダレカクモンハマキ成虫（小野寺原図）

害虫編／りんご

りんご／ハダニ類

被害の様子

- 主な加害種はリンゴハダニ(暗赤色)とナミハダニ(普通、淡黄色〜淡緑色)である
- リンゴハダニはバラ科植物だけに寄生するが、ナミハダニは各種植物に寄生する
- リンゴハダニは春季に花叢部(かそう)を加害し、後に葉の両面を加害して白いかすり状にする
- ナミハダニは下草などで越冬し、6月下旬ごろから葉裏に寄生する

多発しやすい条件

- 高温・乾燥条件は増殖に適する
- 下草にナミハダニが多発しているときに除草すると、りんごに移動することがある　　　　(齊藤)

対策

- 発生初期に防除を行う
- 薬剤の種類によって散布適期が違うので注意する
- 下草除草後はりんごでのナミハダニの発生状況をよく観察し、必要があれば防除を実施する

リンゴハダニ成虫および卵(中尾原図)

ナミハダニ成虫(中尾原図)

ナミハダニによる葉の被害(岩﨑原図)

りんご

オビカレハ

被害の様子

- 年1回の発生で、枝上に産み付けられた卵態で越冬する。ふ化後、幼虫は白色の吐糸でテント状の巣をつくり、しばらくはこの中で群居して葉を食害する

多発しやすい条件

- 周辺に雑木林があると多発しやすい

（小野寺）

対策

- 薬剤を散布する

成虫（小野寺原図）

越冬卵（小野寺原図）

幼虫集団（小野寺原図）

害虫編／りんご

ツマグロアオカスミカメ

加害部位	幼果
加害時期	全生育期（5月中旬〜10月）

被害の様子

- 吸汁により新梢が褐変し萎縮する症状を示す。幼果が吸汁されコルク化する被害が発生する
- 開花期ころの幼果の吸汁により、吸汁痕がコルク化する被害が発生する

多発しやすい条件

- 前年に発生があった圃場は、翌年も発生が続く可能性が高い

（柿崎）

対策

- 6月上旬ごろ他害虫との同時防除を実施する

幼果の被害（小坂原図）

成虫（小坂原図）

オウトウハマダラミバエ

加害部位	果実
加害時期	産卵：5月下旬〜6月上旬
	加害：6月中旬〜7月上旬

被害の様子

- 肥大途中の果実に楊枝で刺した傷のような産卵痕を残し、果実はこの部分が弱くへこむ
- その後、成熟期に向けて幼虫が果実内部を食害する。被害果は果実内部に空洞ができて変色する

多発しやすい条件

- ヤマザクラの果実も加害するため、自生ヤマザクラが近い園地では防除を徹底しても発生が継続しやすい

（岩﨑）

対策

- 産卵開始時以降、殺虫剤を10日間隔で2回散布する
- 被害果は幼虫脱出前に摘み取る。被害果は園地外での水浸処理などを行い、翌年の発生源となるさなぎが園地内に残らないようにする

被害果実（岩﨑原図）

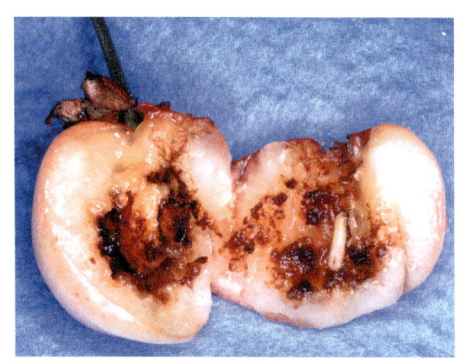

果実内部の幼虫（岩﨑原図）

成虫（岩﨑原図）

おうとう　コスカシバ

被害の様子

- 幼虫は樹幹や主枝の樹皮下の形成層を食害し、坑道の中で成長する。食入部からは樹脂とともに細かい木くずのような糞が排出される
- 加害が集中すると樹勢が衰え、さらに甚だしくなると枯死する
- 年1回の発生だが、成虫は6月末〜9月下旬までの長期にわたる。幼虫は発育が不斉一で、一年中生息する

多発しやすい条件

- 樹勢が衰えると、加害がさらに集中する

（小野寺）

樹皮下の幼虫（小野寺原図）　　　成虫（小野寺原図）

対策

- 薬剤を散布する
- フェロモントラップにより成虫の発生盛期を把握する
- 糞や樹脂の排出を目当てに幼虫の潜入部位を削り取る

おうとう／モンクロシャチホコ

被害の様子

- 地中でさなぎ越冬し、年1回発生する
- 幼虫は100頭近い集団で葉を食害する。葉を食い尽くすと隣の葉や枝に集団で移動するため、枝の広い範囲で葉がなくなるような被害となる
- 中齢以降は分散して単独で加害する

（小野寺）

対策

- 薬剤を散布する
- 集団で加害している初期に寄生している葉や枝ごと切り取って処分する

若齢幼虫（岩﨑原図）

中齢幼虫（小野寺原図）

成虫（小野寺原図）

老齢幼虫（岩﨑原図）

害虫編／おうとう

ぶどう ツマグロアオカスミカメ

被害の様子

- 年3回発生し、卵態で越冬する
- ふ化した幼虫は発芽直後の新葉を吸汁する。その新葉は展葉とともに吸汁痕から不規則に裂ける
- 成虫の体色は黄緑色で羽の末端は暗色である
- 幼虫および成虫のいずれも植物の柔らかい組織を好んで吸汁する性質がある

多発しやすい条件

- 高温・多照が発生に適する

（小野寺）

対策

- 薬剤を散布する

幼虫による被害葉（小野寺原図）

幼虫（岩﨑原図）

成虫（岩﨑原図）

チャノキイロアザミウマ

加害部位	葉、果実
加害時期	5〜9月

被害の様子

- 葉、果穂、果軸などが吸汁害を受ける
- 果実では褐色の不整形斑が生じるため、商品価値が損なわれる

多発しやすい条件

- 高温・少雨は増殖に適する

（小野寺）

対策

- 薬剤を散布する

果房の被害（小野寺原図）

害虫編／ぶどう

ナシキジラミ

加害部位 葉、新梢
加害時期 幼虫：5〜6月

被害の様子

- 越冬した成虫が萌芽期に飛来して新芽に産卵する
- 幼虫は茎や葉に群生して吸汁加害する
- 多発すると、幼虫が分泌する甘露にすす病が発生して、葉や枝が黒くなる

害虫の特徴

- 成虫は体長3mm程度でセミのような外観。越冬成虫は赤褐色、羽化した新成虫は淡いだいだい色を呈する

多発しやすい条件

- 通常の防除を実施していれば多発することは少ない。防除不良園での発生が一般的である

（岩﨑）

（対策）

- 殺虫剤の茎葉散布

群生して加害する幼虫（岩﨑原図）

産卵する越冬成虫（岩﨑原図）

新成虫（岩﨑原図）

ナシマダラメイガ

加害部位 果実
加害時期 5〜8月

被害の様子

- 越冬幼虫は花芽の内部を食害し、発芽後は花房、新梢基部を食害する
- 果実が肥大してくるとその中に食入し、糞塊を排出しながら発育する

（小野寺）

（対策）

- 薬剤を散布する

被害果（小野寺原図）

成虫（小野寺原図）

なし　モモチョッキリゾウムシ

被害の様子

- 成虫は初め幼芽、花梗（かこう）などを食害し、落花後は幼果に口吻（こうふん）で穴をあけて産卵する
- 産卵後に果梗が傷付けられるため、果実の肥大が停止し、やがて落果する

（小野寺）

対策

- 薬剤を散布する

果梗を傷付ける成虫
（小野寺原図）

病害名索引

害虫名索引

害虫名索引

ニューカントリー 2017年秋季臨時増刊号

新・北海道の病害虫ハンドブック全書

平成29年11月1日発行

発 行 所　株式会社北海道協同組合通信社
札幌本社
　〒060-0004
　札幌市中央区北4条西13丁目1番39
　TEL　011-231-5261　FAX　011-209-0534
　ホームページ　http://www.dairyman.co.jp/
編集部
　TEL　011-231-5652
　Eメール　newcountry@dairyman.co.jp
営業部（広告）
　TEL　011-231-5262
　Eメール　eigyo@dairyman.co.jp
管理部（購読申し込み）
　TEL　011-209-1003
　Eメール　kanri@dairyman.co.jp

東京支社
　〒170-0004　東京都豊島区北大塚2-15-9
　　　　　　　ITY大塚ビル3階
　TEL　03-3915-0281　FAX　03-5394-7135
営業部（広告）
　TEL　03-3915-2331
　Eメール　eigyo-t@dairyman.co.jp

発 行 人　新井　敏孝
編 集 人　木田ひとみ

印 刷 所　山藤三陽印刷株式会社
　〒063-0051　札幌市西区宮の沢1条4丁目16-1
　TEL　011-661-7161

定価 3,619円＋税・送料205円
ISBN978-4-86453-050-7　C0461　¥3619E

住友化学の豊富なラインナップ

畑作物の病害虫・雑草防除に！

害虫防除

■確かな効き目の合成ピレスロイド剤！

■害虫専科50年以上の実績！

■ネオニコチノイドが厄介な害虫に効く！

■天敵にヤサシク、害虫にキビシイ！

■様々な害虫から大切な作物を守る！

病害防除

■小麦の赤かび病に！

■てんさいの根腐病、葉腐病に！

■軟腐病など細菌性病害に！

■各種病害に幅広く効く！

雑草防除

■ばれいしょ、だいずの一年生広葉雑草に！

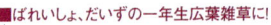

Ⓡは、住友化学の登録商標です。

●使用前はラベルをよく読んでください。●ラベルの記載以外には使用しないでください。
●小児の手の届くところには置かないでください。●空袋、空容器は圃場等に放置せず適切に処理してください。

大地のめぐみ、まっすぐ人へ

〒104-8260 東京都中央区新川2丁目27番1号
お客様相談室 0570-058-669
農業支援サイト 農力 https://www.i-nouryoku.com

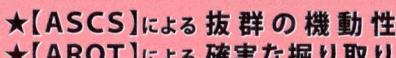

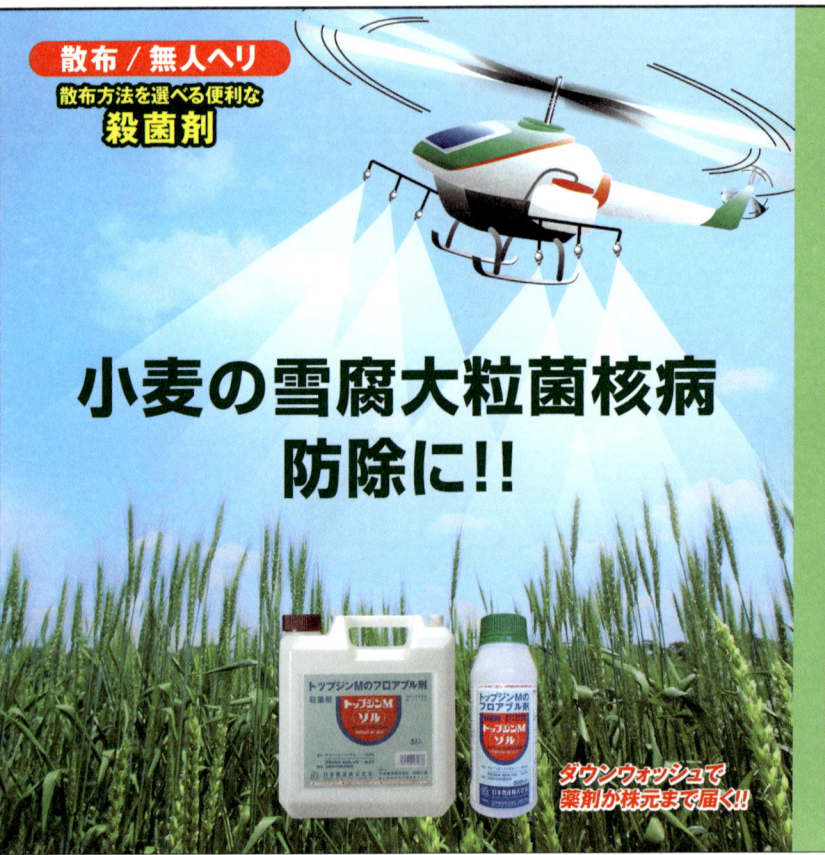